기후 변화 상식을 넘어서

장유순 지음

Climate Change, Beyond the Common Sense

북힐

저자 서문

21세기를 살아가는 우리는 기후 변화에 많은 관심을 가지고 있습니다. 심지어 어린아이들조차 "지구 온난화는 큰 문제야.", "탄소 배출을 줄여야 해."라는 말을 자연스럽게 할 정도이지요. 그러나 "기후 변화가 왜 일어나는 거지?" 또는 "기후 변화에는 어떤 과학적인 원리가 숨어 있는 거지?"라고 구체적으로 물어보면 논리적으로 자신 있게 대답할 수 있는 사람이 많지 않은 것도 사실입니다.

이 책은 최근 몇 년간 국립공주대학교에서 강의했던 〈기후 변화, 상식을 넘어서〉라는 동일한 제목의 원격 교양 강의 내용을 정리하여 구성하였습니다. 본 논고가 교양서적으로 출판되어 대학생뿐만 아니라 중고생과 일반 대중에게도 '기후 위기'의 심각성을 다시 한 번 알릴 수 있으리라고 생각하니 기쁩니다. 무엇보다 '상식'을 뛰어넘어 기후 변화 속에 숨겨진 과학적 원리들이 명확하고 재미있게 전달되기를 바랍니다. 멀티미디어의 홍수 속에서 디지털 강의에만 익숙해진 학생들에게 말과 표정보다는 담백한 '글'로 지식을 나눌 수 있음에 더욱 보람을 느낍니다.

앞으로 기후 변화를 포함하여 다양한 지구 환경과 관련된 과학적 원리를 설명하는 도서들이 꾸준히 출판되기를 응원합니다. 이 책을 읽는 모든 분들의 '지구에 관한 이해의 폭'이 넓어지고, 더 나아가 '세상을 바라보는 시각'이 확장되는 기회가 되길 소망합니다.

폭염과 폭우가 반복되고 있는 2024년 8월

장유순

목차

1

상식을
넘어야 하는 이유

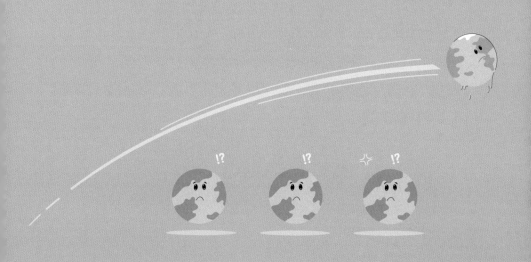

필요하지 않아서 배운다

21세기 현대인들은 기후 변화에 관한 다양한 상식을 가지고 있습니다. 어린아이들조차 "지구 온난화는 큰 문제야.", "탄소 배출을 줄여야 해."라는 말을 매우 자연스럽게 할 정도입니다. 그러나 "기후 변화가 왜 일어나지?" 또는 "기후 변화에는 어떤 과학적인 원리가 숨어 있지?"라고 꼬집어서 물어보면 자신 있게 대답할 수 있는 사람은 많지 않습니다.

이제 우리는 이 책을 읽으며 애매한 수준에 머물러 있던 기후 변화에 관한 상식을 뛰어넘을 기회를 가지려고 합니다. 그런데 굳이 왜 상식을 뛰어넘어 과학적인 원리를 알아야 할까요? 기후 변화의 중요성 정도만 알아도 충분하지 않을까요? 그 해답을 아래 [표 1-1]을 이용해서 찾아보겠습니다.

[표 1-1] 기후 변화에 관한 2가지 교육 주제

	온실 효과의 원리	재활용 방법
지혜(智慧, wisdom)		O
지식(智識, knowledge)	O	
생활에 꼭 필요한 것		O
언젠가는 필요성을 느끼는 것		O
남이 대신해(알아)줄 수 있는 것		O

[표 1-1]에서는 기후 변화에 관한 교육 주제의 예로 '온실 효과의 원리'와 '재활용 방법'을 들고 있습니다. 결론적으로 이 책에서 여러분이

배울 내용은 온실 효과의 원리입니다. "온실 효과 같은 어려운 이론 말고, 조금 더 쉽고 현실적인 재활용 방법을 가르쳐주세요."라고 부탁하는 사람들도 있을 것입니다. 물론 재활용 방법을 배우는 것도 매우 가치 있는 활동이지만, 온실 효과의 원리를 배우는 것과는 다음과 같은 차이가 있습니다.

우선, ① 지혜(智慧, wisdom)와 ② 지식(知識, knowledge)의 차이를 생각해보겠습니다. 온실 효과의 원리는 지식의 영역이고, 재활용 방법은 지혜의 영역에 가깝습니다. 앞에서 이 책을 통해 온실 효과의 원리를 배운다고 말씀드렸습니다. '나는 좀 더 지혜로운 사람이 되고 싶은데, 이 책을 통해 단지 지식만 채우는 것이 아닌가?'라고 걱정하는 분도 있을 수 있겠습니다. 안타깝지만, 맞는 걱정입니다. 저는 지식 전달을 목적으로 이 책을 쓰고 있습니다.

이제 '③ 생활에 꼭 필요한 것'이라는 관점에서 생각해봅시다. 온실 효과의 원리와 재활용 방법 중 어느 것이 생활에 더 필요할까요? 기후 위기 시대를 살아가는 우리는 당연히 재활용 방법을 배워야 합니다. 학교에서 과학 시험을 보는 경우를 제외하면, 우리가 일상생활에서 온실 효과의 원리를 활용할 일은 거의 없습니다. 이 점만 보더라도 온실 효과의 원리를 배울 이유가 전혀 없는 것처럼 보입니다.

그러나 조금 더 생각해봅시다. '④ 언젠가는 필요성을 느끼는 것'이 무엇일까요? 재활용을 능숙하게 하면 우리는 환경 보존에 기여하는 훌륭하고 지혜로운 사람으로 평가받을 수 있습니다. 즉, 생활에 필요한 주제들은 언젠가는 배워야겠다는 동기 부여가 자연스럽게 생깁니다. 하지만 온실 효과의 과학적 원리와 같은, 생활에 직접적으로 필요하지 않은 주제들은 어떨까요? 만약 학교에서 온실 효과에 대해 시험을 보지 않는다면, 우리는 평생 온실 효과의 원리를 모른 채 살아갈 것입니다. 이는 마치 학교나 책이 없는 곳에서 자라는 어린이들이 '지구는 둥글다. 지구는 자전한다'라는 진리를 모른 채 살아가는 것과 같은 경우입니다. 그래서 저는 여러분이 살아가면서 필요성을 느끼지 못할 수 있는, 이번 기회가 아니면 평생 배우지 못할 수도 있는 그런 과학적 원리를 설명하고자 합니다.

또 한 가지 이유가 있습니다. '⑤ 남이 대신해(알아)줄 수 있는 것'에 대해서도 생각해봅시다. 내가 재활용을 잘 못 해도 친구들이 대신해준다면 지구 환경에 도움이 되고, 결국 나에게도 도움이 됩니다. 그러나 온실 효과의 원리는 친구가 안다고 해서 나에게 도움이 될까요? 과학적인 진리는 내가 직접 알아야만 하며, 누구도 대신 알아줄 수 없는 것입니다.

여러분은 이 책을 통해 기후 변화의 과학적 원리를 배우게 될 것입니다. 이는 주로 지식의 영역에 속하며, 일상생활에서 필요하지 않다고 여기면 이번 기회가 아니면 평생 접하지 못하는 분야일 수 있습니다.

그러면 상식을 넘어 기후 변화의 과학적 원리를 알게 되면서 우리가 얻는 이익은 무엇일까요? 안타깝지만 실질적인 이익은 없을 수 있습니다. 그러나 저는 확신합니다. '지구 환경 변화에 대한 이해의 폭'과 더 나아가 '세상을 바라보는 시각'이 넓어질 것입니다. 학교를 다니지 않고 책을 읽지 않아도 되는 학생들은 비록 시험 없이 행복하게 살 수 있을지 모르지만, 지구 자전을 아는 우리와는 분명 세상을 바라보는 시각에서 차이가 있을 것입니다.

'학이시습지(學而時習之) 불역열호(不亦說乎)'라는 공자님의 말씀은 제 삶의 좌우명입니다. 이는 '배우고 때때로 익히면 기쁘지 아니한가?'라는 뜻입니다. 이 책을 읽기로 결심한 모든 독자들이 기후 변화 속에 숨겨진 과학적 원리를 공부하고 새롭게 알아가는 과정에서 즐거움을 찾기를 바랍니다.

잘 배우는 방법

다시 강조하지만, 이 책을 통해 우리는 기후 변화와 관련된 과학적 원리를 공부할 예정입니다. 대부분의 사람은 '과학은 매우 창의적이고 머리가 좋은 사람들이 하는 학문이야'라고 생각하며 겁을 먹습니다. 그러나 여기에는 오해의 소지가 있습니다. 잘 알려진 일화에 따르면, [그림 1-1]처럼 뉴턴은 나무에서 떨어지는 사과를 보고 만유인력의 법칙을 발견했다고 합니다. 과연 그럴까요?

[그림 1-1] 떨어지는 사과에서 영감을 얻은 뉴턴

[그림 1-2] 책을 읽으면서 고민하고 있는 뉴턴

[그림 1-2]도 살펴봅시다. [그림 1-1]과 [그림 1-2]의 차이점은 무엇일까요? 뉴턴이 만유인력의 법칙을 발견한 것은 단순히 떨어지는 사과를 보고 영감을 받아서가 아닙니다. 그는 책을 읽고 매일 연구하며 노력한 끝에 만유인력의 법칙을 발견한 것입니다. 사과가 떨어지는 현상을 예로 들어 법칙을 설명한 것이지, 사과가 떨어지는 것을 보고 하루아침에 "유레카!" 하며 발견한 것이 아닙니다.

'나는 과학적인 소양이 없어. 창의적이지도 않고 머리가 좋은 것 같지도 않아'라고 생각하는 사람들은 뉴턴이 갖춘 가장 기본적인 소양인 노력과 반복을 생활화하면서 끝까지 책을 읽어보기를 바랍니다. 그러면 우리 모두 상식을 뛰어넘는 수준의 기쁨을 맛볼 수 있을 것입니다.

확인 문제

1. 다음 중 온실 효과의 과학적 원리를 배우는 이유로 가장 적절한 것은?

① 지혜를 얻기 위해

② 지식을 얻기 위해

③ 생활에 꼭 필요한 것이라서

④ 언젠가는 필요성을 느끼는 것이라서

⑤ 남이 대신해줄 수 있는 것이라서

정답
1. ②

2

지구 시스템, 기상과 기후,
변동과 변화

지구 시스템

기후 변화를 정확히 이해하기 위해, 지구 시스템(earth system) 또는 기후 시스템(climate system)이라는 개념부터 설명하겠습니다. 지구는 [그림 2-1]과 같이 태양 복사 에너지를 받아 다시 지구 복사 에너지를 방출하면서 일정한 온도를 유지합니다. 이러한 상태를 복사 평형이라고 하며, 이와 관련된 개념은 7장 〈온실 효과의 실체〉에서 자세히 학습할 예정입니다. 지구 그림을 자세히 보면, 지구는 네 가지 주요 권역(sphere)으로 구성되어 있다는 것을 알 수 있습니다.

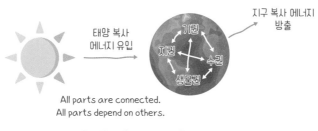

[그림 2-1] 지구 시스템의 상호 작용

우리가 숨 쉬는 공간인 '기권(atmosphere)', 우리가 밟고 있는 땅인 지권(geosphere), 지구 표면의 70% 이상을 차지하는 '수권(hydrosphere)[1]', 그리고 인간과 동식물들이 공존하고 있는 '생물권(biosphere)'이 대표적인 지구 시스템의 구성 요소에 해당합니다.

결론부터 말씀드리면, 지구를 구성하는 각 권역은 독립적으로 존재하지 않고 모두 연결되어(all parts are connected) 있습니다. 그리고 각 권역

---

1. 기후 변화를 연구하는 학자들은 다양한 형태의 얼음을 포함하는 극지역을 '빙권(cryosphere)'으로 정의하여 수권과 구분하여 자세하게 연구하고 있다.

은 끊임없이 서로 의존하며(all parts depend on others) 공존합니다.

[그림 2-2]는 IPCC(Intergovernmental Panel on Climate Change[2], 기후 변화에 관한 정부 간 협의체)에서 발간한 보고서에 수록된 그림을 단순화 한 것으로, 근본적으로 [그림 2-1]과 같은 내용을 다루고 있습니다.

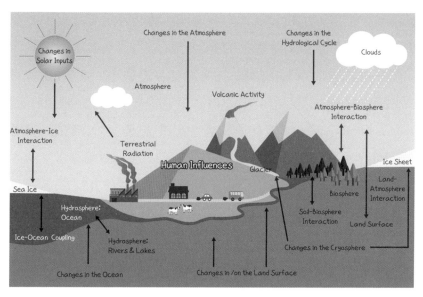

[그림 2-2] 기후 시스템의 구성 요소 및 상호 작용 (자료: IPCC (2007))

[그림 2-2]의 태양 그림에는 '태양 복사 에너지 유입량의 변화(Changes in Solar Inputs)'라고 적혀 있습니다. 지구의 가장 근본적인 에너지원은 태양 복사 에너지입니다. 다양한 원인에 의해 지구에 유입되는 태양 복사 에너지가 변하면 지구 기후도 변할 것입니다. 다행히 인류가 살

---

2. 세계기상기구(WMO, World Meteorological Organization)와 유엔환경계획(UNEP, UN Environ-ment Program)이 인간 활동이 기후 변화에 미치는 영향을 평가하고 국제적 대책을 마련하기 위해 1988년에 설립하였다.

아오는 동안 태양 복사 에너지의 큰 변화는 없었습니다. 그렇다면 왜 기후가 변했을까요?

이제 다양한 권역의 변화를 살펴봅시다. '기권의 변화(Changes in the Atmosphere)', '물 순환의 변화(Changes in the Hydrological Cycle)', '해양의 변화(Changes in the Ocean)', '지표면의 변화(Changes in/on the Land Surface)', '빙권의 변화(Changes in Cryosphere)' 등이 언급되어 있으며, 각 권역 간의 다양한 상호 작용이 표현되어 있습니다.

제가 이 모식도에서 강조하고 싶은 그림은 생물권의 한가운데 그려져 있는 공장과 자동차입니다. 그리고 그 가운데 '인간의 영향(Human Influences)'이라고 쓰여 있습니다. 인간이 기권, 물 순환, 해양, 지표면의 변화에 어떤 영향을 주었고, 그 영향으로 인해 복잡하게 상호 작용하는 기후 시스템에 어떤 변화가 일어나고 있는지를 IPCC는 주목하고 있습니다. IPCC는 이러한 변화를 4~5년에 걸쳐 주기적으로 정리하여 과학적 증거에 기반한 보고서를 발간하고 있습니다. 이러한 공로를 인정받아 2007년에는 노벨 평화상을 수상하기도 했습니다.

정리하자면, '지구 · 기후 시스템의 변화에 인간은 어떤 영향을 주고 있는가?'를 과학적으로 탐구하는 것이 이 책의 중요한 주제입니다.

기상과 기후

기후 변화를 공부하기에 앞서 몇 가지 주요 용어를 먼저 확인하겠습니다. 첫 번째는 기상과 기후의 차이입니다.

'기상'은 특정 시간과 장소에서의 대기 상태를 의미합니다. 그렇다면 대기의 어떤 상태일까요? 기온, 기압, 풍향, 풍속, 습도, 시정, 운량,

강수 등이 대표적으로 대기의 상태를 나타내는 기상 요소에 해당합니다. 예를 들어 2024년 3월 23일[3]의 서울의 '기상' 상황은 평균 기온 13.0℃, 최고 기온 18.2℃, 최저 기온 9.3℃, 평균 운량 6.4, 일 강수량 0.1 mm였습니다.

참고로 기상(날씨)은 영어로 'weather'이고, 다양한 기상 현상을 연구하는 기상학은 'meteorology'입니다. 따라서 우리나라 기상청은 영어로 'Korea Meteorological Administration'이며, 약자로는 'KMA'입니다. 기상청 홈페이지를 방문하려면 'www.kma.go.kr' 주소를 사용하면 됩니다. 공교롭게도 육군사관학교와 대한의사협회 등도 KMA라는 약자를 사용하고 있습니다. 개인적인 바람으로는, 이 책을 읽는 모든 분이 KMA를 언급할 때 기상청을 가장 먼저 떠올렸으면 좋겠습니다.

'기후'는 기상 현상이 장기간 축적된 것을 의미하며, 영어로는 'climate'입니다. 여기서 장기간의 기준은 최소 10년 이상입니다. 일기 예보에서 "올해 여름은 평년에 비해 매우 더울 것입니다."라고 말할 때, '평년'의 정의는 특별한 언급이 없으면 보통 직전 30년 평균을 사용합니다. 따라서 어느 지역의 기후를 말할 때는, 그 지역의 기상 요소 30년 평균값을 생각하면 됩니다.

그런데 기후를 단순히 기상 요소의 장기간 평균으로만 생각해서는 안 됩니다. 여름철 무더위나 겨울철 한파와 같은 극단적인 기상 현상도 기후의 개념에 포함됩니다. 예를 들어 "올해 겨울은 이례적으로 추워요."라고 하면, 기후는 30년 평균이라고 했으니 '올해 겨울, 1년 중 한두 달은 기상 현상에 대한 설명이구나!'라고 판단해버릴 수 있습니

---

3. 3월 23일은 세계 기상의 날이다.

다. 하지만 '이례적으로 춥다'라는 표현 자체가 이미 평년과 비교한 것이므로 기후의 개념이 포함된 것입니다.

조금 더 쉽게 설명하자면 "기상은 지구의 기분이고, 기후는 지구의 성격이다."라고 말할 수 있겠네요. 어제는 더웠지만 오늘은 춥고, 어제는 비가 왔지만 오늘은 맑을 수 있습니다. 이는 수일 간격으로 마치 지구의 기분이 오르락내리락하는 것과 같은 기상 현상입니다. 반면에 "이 지역은 대체로 무덥고 습해."라는 말은 이 지역의 성격을 나타내는 기후 관련 표현입니다. 지구의 기분이 조금씩 달라지는 것은 자연스러운 일이지만, 매우 더운 여름과 아주 추운 겨울이 자주 발생한다면 이는 지구의 성격이 다혈질로 변하고 있다는 증거일 수 있습니다.

기후 변동과 기후 변화

이제 기후 변동(climate variability)과 기후 변화(climate change)의 차이점에 대해 말씀드리겠습니다. 우리말에서는 '변동'과 '변화'를 거의 같은 의미로 사용하지만, 기후를 연구하는 학자들은 이 두 용어를 비교적 엄밀하게 구분합니다.

'기후 변동'은 평균값을 크게 벗어나지 않는 자연적인 변화를 의미하며, '기후 변화'는 자연적인 기후 변동의 범위를 넘어 더 이상 평균 상태로 돌아오지 않는 장주기 및 극단적인 변화를 의미합니다.

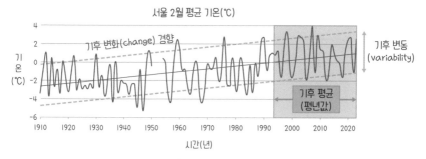

[그림 2-3] 서울 2월 평균 기온 변화[4] (자료: 기상청 기상자료개방포털(data.kma.go.kr))

[그림 2-3]은 1910년부터 2023년까지 서울의 2월 평균 기온에 대해 기후 변동과 기후 변화의 차이를 설명하는 그래프입니다. 기온은 매년 자연적인 이유로 인해 어느 정도의 평균적인 변동 폭을 가지며 오르락내리락합니다. 이러한 일정한 변동 폭을 유지하면서 자연적으로 변하는 것을 기후 변동이라고 합니다.

한편, 서울의 겨울철 평균 기온은 지속적으로 높아져 이제는 과거 상태로 돌아가기 어려워 보이는데, 이는 대표적인 기후 변화의 예입니다. 또한, 1936년, 1945년, 1947년, 1957년, 1968년, 1984년, 1986년, 2005년, 2013년, 2018년 등은 평균 변동 폭을 넘어서 매우 추웠는데, 이는 11장에서 소개할 극한 기후 변화의 예라고도 할 수 있습니다.

다양한 대중 매체뿐만 아니라 우리가 배우는 교과서에서도 기후 변동과 기후 변화를 혼용하고 있습니다. 이 책을 읽는 여러분들은 기후 변동과 기후 변화를 구분해서 사용하면 좋겠습니다. 예를 들어, '자연적인 기후 변화 범위를 벗어나서 지구의 평균 온도가 크게 오르고 있는 까닭은, 인간이 배출한 온실 기체가 기후 변동을 일으켰기 때문이

---

4. 1952년, 1953년은 관측 자료가 없어 그래프에 표시하지 않았다.

다'라는 문장은 '자연적인 기후 변동 범위를 벗어나서 지구의 평균 온도가 크게 오르고 있는 까닭은, 인간이 배출한 온실 기체가 기후 변화를 일으켰기 때문이다'라고 올바르게 고쳐 쓸 수 있기를 바랍니다.

[그림 2-3]에는 2023년 기준 평년 구간도 표현되어 있습니다. 현재 서울의 2월 평년 기온은 약 1°C로 보이는데요, 이는 약 –2°C였던 1910년에 비해 3°C 상승했다는 것을 확인할 수 있습니다. 미래에는 과연 어떻게 될까요? 기후 변화 경향이 계속된다면 평년값 기준은 계속 높아질 것이며, 미래 세대는 이제껏 지구가 겪어보지 못한 새로운 기후 체계에서 살아가야 할 것입니다.

관련해서 '전례 없는 기후 변화'가 나타날 수 있다는 개념이 있습니다. 이 개념을 이해하기 위해 [그림 2-4]를 살펴보겠습니다.

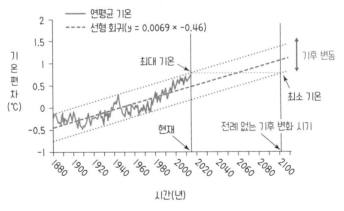

[그림 2-4] 전례 없는 기후 변화 시기 예측 (자료: 신과 장(2016))

이 지역의 온도도 서울의 기온처럼 일정 변동 범위를 가지고 오르락내리락하는 기후 변동을 나타냅니다. 또한, 지속적으로 평균 온도가 올라가는 기후 변화의 추세도 나타납니다. 기온 상승 정도를 정량적으로 근사한 값은 굵은 점선으로 표시된 선형 회귀 결과입니다. 여기서 선형 회귀란 기온 상승 경향을 1차 함수로 가장 정확하게 근사한 결과를 의미합니다. '$y = ax + b$'라는 1차 함수의 그래프에서 x축은 시간을, y축은 기온을 나타냅니다. 기울기 a는 시간에 따른 기온의 변화율을 나타내며, 이 지역의 기울기 값을 살펴보면 1년간 약 0.0069℃, 즉 100년간 약 0.7℃ 상승했다고 할 수 있습니다.

이렇게 구해진 직선을 y축 위아래로 각각 평행 이동시켜 과거부터 현재까지 최대 기온과 최소 기온 값을 만나게 하는 두 개의 직선을 표시할 수 있습니다. 이 두 직선의 폭은 지난 과거의 최대 기후 변동 폭을 나타냅니다. 만약 이러한 기후 변동 폭이 미래에도 계속 유지된다고 가정하면, 우리는 2100년을 주목해야 합니다. 2100년 이후의 최저 기온은 과거부터 현재까지 경험한 최고 기온과 동등하리라 예상됩니다. 다시 말해, 2100년 이후에는 우리가 경험하지 못한 새로운 기후 시스템이 완전히 확립될 것으로 보입니다. 이러한 변화를 과학자들은 '전례 없는 기후 변화 시기'라고 경고하고 있습니다.

1. 다음 중 지구 시스템을 구성하는 권역이 <u>아닌</u> 것은 ?

   ① 연약권   ② 기권   ③ 생물권

   ④ 수권   ⑤ 빙권   ⑥ 지권

2. 괄호 안에 적합한 단어를 순서대로 올바르게 짝지은 것은?

> 지구의 (　)은/는 기상이고, 지구의 (　)은/는 기후이다. 인간에 의해 방출된
> 온실 기체는 기후 (　　)의 가장 큰 원인으로, 지구의 온도를 자연적인 기후
> (　) 범위에서 벗어나게 한다.

   ① 성격, 기분, 변화, 변동

   ② 기분, 성격, 변동, 변화

   ③ 기분, 성격, 변화, 변동

   ④ 성격, 기분, 변동, 변화

3. 선형 회귀식의 기울기가 크다면, 전례 없는 기후 변화 시기가 더 빨리 도래할
   것이다. (O, X)

정답   1. ① 2. ③ 3. O

3

기후 대리 자료

최근 빙하기

이제부터 본격적으로 기후 변화의 역사를 살펴보겠습니다. [그림 3-1]은 현재와 18,000년 전의 해수면 온도 분포를 비교한 것입니다.

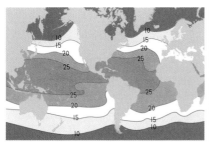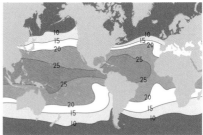

[그림 3-1] (좌) 현재 해수면 온도, (우) 18,000년 전의 해수면 온도 (자료: CLIMAP)

전 세계 해수면 온도 분포의 특징을 먼저 살펴봅시다. 대부분의 해역에서 등온선은 위도에 평행하게 분포하며, 고위도로 갈수록 온도가 낮아집니다. 이는 고위도로 갈수록 태양 복사 에너지를 덜 받기 때문입니다. 온도가 높은 25℃ 등온선 분포 형태를 자세히 살펴보면, 열대 해역에서는 동쪽보다 서쪽 해양의 온도가 더 높은 것을 알 수 있습니다. 왜 그럴까요? 이는 해양에서 부는 바람과 관련이 있습니다.

적도부터 약 30°까지는 주로 동쪽에서 서쪽으로 무역풍(trade wind)[5]이 붑니다. 무역풍에 의해 열대 지방의 따뜻한 표층 해수는 동쪽에서 서쪽으로 이동합니다. 서쪽으로 흐르던 해수가 육지에 막히면서 쌓여, 이 부근에서 높은 온도를 나타내는 영역이 넓어지는 것입니다. 이

---

5. 무역풍(trade wind)은 과거 무역 항로를 따라 불었던 바람이라고 주로 알려져 있지만 원래 trade 의 어원은 '경로를 밟아 다지다'라는 의미로, 일정하고 규칙적으로 부는 바람이라는 뜻이다.

해역을 열대 난수 해역(warm pool)이라고 부르며, 이러한 난수 해역의 위치 변동은 전 세계 기후 변동에도 큰 영향을 줍니다. 관련된 주제는 10장 〈엘니뇨〉에서 다룰 예정입니다.

사실 18,000년 전은 지구 역사상 매우 중요한 시기입니다. 간단히 LGM이라고 부르는데, 이는 'Last Glacial Maximum'의 약자로 '마지막 빙하 최대 시기'를 의미합니다. 지구는 여러 차례 주요한 빙하기와 간빙기를 번갈아 겪어 왔습니다. 현재 우리는 간빙기에 살고 있으며, 직전 빙하기는 약 18,000년 전인 LGM 시기였습니다.

빙하기라고 하면 '지구 전체가 꽁꽁 얼어붙었다[6]'라고 생각하는 사람들이 있습니다. 그러나 [그림 3-1]에서 보듯이, LGM 시기의 수온은 현재와 비슷한 분포를 보이며 온도가 약간 낮았을 뿐입니다. LGM 시기에도 수온 25°C 이상인 난수 해역이 존재했고, 고위도로 갈수록 온도가 위도에 평행하게 줄어들고 있습니다. 한 가지 눈에 띄는 차이점은 북대서양에 위치한 영국 주변의 해수면 온도가 약 15°C에서 10°C로 떨어졌다는 것입니다. 현재에 비해 대서양의 온도가 약 5°C 낮았는데, 이러한 차이가 빙하기를 유발했는지에 대해 의문을 가지는 사람들이 많습니다. 바닷물의 온도는 조금만 변해도 지구 기후에 큰 영향을 줍니다. 관련 내용은 9장 〈해양 기후 변화〉에서 다시 살펴볼 예정입니다.

---

6. 지구 표면이 모두 얼음과 눈으로 덮여 지구가 커다란 얼음덩어리처럼 보이는 상태를 '얼음덩어리(눈덩이) 지구'라고 한다. 이러한 빙하기는 약 23억 년 전, 7억 년 전, 6억 5천만 년 전에 나타났다고 추정되는데, 실제로 지구 전체가 얼음으로 덮여 있었는지에 대해서는 다양한 이론들이 존재한다.

기후 대리 자료

이제 본격적으로 아주 먼 과거의 수온을 어떻게 알 수 있는지 알아보겠습니다. 오늘날에는 직접 바다에 나가서 관측하거나 인공위성의 적외선 카메라를 통해 해수면 온도를 확인할 수 있습니다. 그러나 18,000년 전에는 어땠을까요? 과학적 목적의 해양 조사는 1768년 영국의 제임스 쿡(James Cook, 1728~1779) 선장의 항해부터 시작되었다고 알려져 있습니다. 당연히 18,000년 전에는 인공위성도 없었습니다. 결론부터 말씀드리면, 과거의 기후를 간접적으로 추정할 수 있는 방법이 존재하며, 이때 쓰이는 자료를 기후 대리 자료(climate proxy data)라고 부릅니다.

사실 [그림 3-1]의 18,000년 전의 해수면 온도 분포는 클라이맵(CLIMAP, Climate, Long range Investigation, Mapping, And Prediction)이라는 유명한 프로젝트의 결과물입니다. 이 프로젝트는 기후(climate) 연구를 위해, 아주 넓은 영역에 걸쳐서 조사(long range investigation)를 한 다음, 지도(mapping)를 완성하고, 다른 시기의 기후도 예측(prediction)하는 것을 목표로 하고 있습니다. 그러면 무엇을 조사했을까요?

해수면 온도 자료를 대신할 대리 자료들이었을 것입니다. 과연 어떤 것들이 기후 대리 자료로 사용될 수 있을까요? 여러분은 아마 식물의 나이테에 대해서는 잘 알고 있을 것입니다.

[그림 3-2] 기후 대리 자료로 사용될 수 있는 식물의 나이테 단면

[그림 3-2]와 같이 나이테의 개수로 식물의 나이를 알 수 있으며, 나이테의 촘촘한 정도로 식물의 성장 환경을 유추할 수 있습니다. 나이테의 간격이 넓은 것은 기온과 습도가 적당하여 식물이 잘 자랐음을 나타내는 간접적인 지표입니다. 또한, 나이테 외에도 식물 잎의 기공 수, 유공충과 같은 미생물의 개수나 분포를 통해 과거의 기후를 유추할 수 있습니다.

CLIMAP에서는 빙하 시추물이나 산호 껍질에 포함된 산소 동위원소비를 기후 대리 자료로 이용하였습니다.

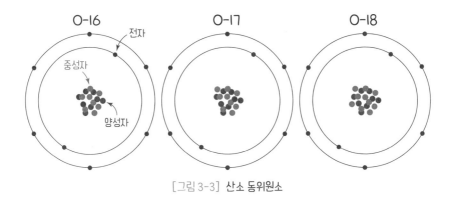

[그림 3-3] 산소 동위원소

동위원소란 원자 번호는 같지만 질량수가 다른 원소를 의미합니다. [그림 3-3]은 대표적인 산소 동위원소의 구조를 나타냅니다. 산소의 원자 번호는 8번입니다. 이는 양성자가 8개 있다는 뜻이며, 일반적으로 중성자도 8개입니다. 양성자와 중성자의 개수를 합하면 질량수가 되며, 대부분의 산소는 질량수가 16입니다. 중성 상태의 산소는 궤도를 따라 도는 전자도 8개입니다. 전자는 질량이 매우 작아서 질량수에 포함되지 않습니다. 그러나 중성자가 9개 또는 10개여서 질량수가 17이나 18인 산소도 존재합니다. 이런 원소를 각각 ^{17}O(17번 산소 동위원소), ^{18}O(18번 산소 동위원소)로 표현합니다.

과학자들은 주로 층층이 쌓인 빙하 시추물 또는 해양의 산호 껍질에 남아 있는 산소 동위원소 중에 ^{16}O과 ^{18}O의 비율을 이용하여 과거의 기후를 결정합니다.

[그림 3-4] 빙하 시추 장면 (출처: 『최신해양과학』)

　[그림 3-4]는 빙하 시추 장면입니다. 남극에서는 지난 수만 년 동안 특별한 오염 없이 지속적으로 눈이 쌓이며 빙하가 성장해왔습니다. 과학자들은 이곳을 시추하여 빙하 샘플을 얻고 있습니다. 다양한 방법을 이용하여 빙하 층의 절대 연령[7]을 먼저 계산한 후, 연령을 아는 동일한 얼음 층에 포함된 ^{16}O과 ^{18}O의 비율로 당시의 기후를 유추하는 것입니다.

　그러면 어떤 원리로 빙하 샘플에서 과거 기후를 추정할 수 있을까요? 해양에는 ^{16}O과 ^{18}O이 모두 녹아 있습니다. 해수가 증발하면 산소 동위원소들은 대기 순환과 함께 남극으로 이동하여 눈의 형태로 떨어

---

7. 빙하의 절대 연령을 계산하기 위해 동위원소, 전기 전도도, 화산 기록 분석 등 다양한 방법이 이용된다.

져 쌓이게 됩니다. 그런데 평소보다 기온이 상승하면 질량이 무거운 ^{18}O의 증발량이 증가하고, 남극 빙하에 쌓이는 ^{18}O의 양도 높아지게 됩니다.

이제 해양 내부 상황을 생각해봅시다. 기온이 높은 시기에는 ^{18}O의 증발이 활발해지면서 해양에 포함된 ^{18}O의 비율이 평소보다 줄어듭니다. 대표적인 해양 생물인 산호는 탄산칼슘($CaCO_3$)으로 구성된 껍질이 마치 나무의 나이테처럼 성장합니다. 따라서 기온이 높은 시기의 산호 껍질에서 분석된 ^{18}O 양은 줄어들게 됩니다.

LGM처럼 평소보다 기온이 낮은 시기에는 무거운 산소의 증발이 줄어들어 대기 속의 ^{18}O 비율이 평소보다 감소합니다. 따라서 빙하 속의 ^{18}O 비율도 감소하고, 반대로 해수 속에서 성장하는 산호초에서 분석된 ^{18}O 비율은 증가하게 됩니다.

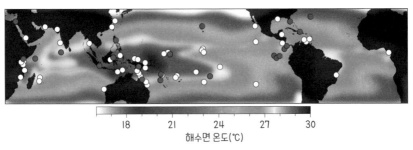

[그림 3-5] 과거 120년 전의 해수면 온도 및 기후 복원을 위한 산호 채취 지점
(자료: Gagan et al. (2000))

[그림 3-5]는 과거 수온 분포와 이 시기의 기후를 복원하기 위해 산호를 채취한 지점을 나타낸 것입니다. 그러나 이 논문에서 분석한 시기는 과거 120년 전입니다. 120년 전은 이미 직접적인 수온 관측 자료

가 수집된 시기입니다. 이 논문에서는 왜 관측 자료가 존재했던 시점
의 수온을 다시 복원했을까요? 그 이유는 매우 단순합니다. 산호로 복
원된 수온값이 정확해야 LGM 시기처럼 관측 자료가 없었던 기간의
복원값에 신뢰성을 얻을 수 있기 때문입니다. 그럼 얼마나 잘 맞았을
까요? [그림 3-6]에서 확인해봅시다.

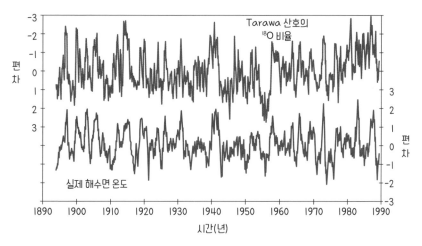

[그림 3-6] 1890년부터 100년 동안 산호로 복원한 수온 및 18O 비율 변동 비교 결과

(자료: Gagan et al. (2000))

[그림 3-6]의 파란색 그래프는 타라와(Tarawa) 산호에 들어 있는
^{18}O 비율 변동을 나타냅니다. 빨간색 그래프는 그 지역의 실제 해수면
온도 변동 자료입니다. 두 그래프의 변동성이 매우 잘 일치하는 것을
알 수 있습니다.

그런데 수온이 올라가면 산호에 포함된 ^{18}O의 비율이 올라간다고
했나요? 실제로는 수온이 올라가면 상대적으로 질량이 무거운 ^{18}O의

증발이 활발해지기 때문에 해수 속의 ^{18}O의 비율은 줄어든다고 설명했습니다. [그림 3-6]의 두 그래프는 비례 관계처럼 보이지만, 사실은 ^{18}O 비율을 나타내는 파란색 그래프의 세로축 값이 아래에서 위로 갈수록 3, 2, 1, 0, -1, -2, -3으로 줄어듭니다. 이는 연구자가 자료를 쉽게 해석하기 위해 y축을 일부러 뒤집어 놓은 것입니다.

그러면 세로축의 단위는 무엇일까요? 두 자료 모두 약 -3에서 +3 정도의 범위를 나타내지만, 단위는 없습니다. 여기서 기후 변화를 분석할 때 중요한 통계 개념이 필요합니다. 두 자료에 단위가 없는 이유는 곧 소개할 '표준화 방법'에서 간단히 설명해드리겠습니다.

표준화 방법

[그림 3-6]의 세로축 단위를 이해하기 위해서 간단히 평균의 개념부터 정리해보겠습니다. 아래와 같이 전체 N개의 값(X_1, X_2, ..., X_N)이 있다면 이를 모두 더한 후 개수(N)로 나눈 값을 평균($\overline{X}$)으로 정의합니다.

$$\overline{X} = \frac{X_1 + X_2 + \ldots + X_N}{N} = \frac{1}{N}\sum_{i=1}^{N} X_i$$

평균은 우리 생활에서 매우 많이 사용됩니다. 예를 들어, 어느 지역의 평년 기온을 구하려면 30년 동안의 관측값을 모두 더한 후 총 관측 개수로 나누면 됩니다. 이렇게 구한 평균 기온이 높다면 "이 지역은 더운 기후를 보이는구나"라고 평균값을 근거로 그 집단의 성격을 설명할 수 있습니다. 그러나 여기서 주의해야 할 점은, 평균값이 통계적

으로 매우 중요하긴 하지만, 집단의 성격을 정확하게 대변할 수는 없
다는 것입니다.

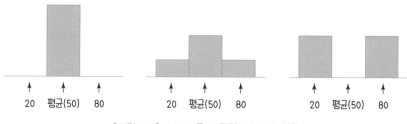

[그림 3-7] 서로 다른 세 집단의 분포와 평균

　예를 들어, 수학 성적 평균이 모두 50점으로 동일한 세 종류의 집단
이 있다고 가정해봅시다. [그림 3-7]의 첫 번째 집단은 대부분 50점
에 근접한 중위권 학생들만 모인 반입니다. 두 번째 집단은 평균이 똑
같이 50점이지만 성적이 골고루 분포하는 집단입니다. 마지막으로 극
단적으로 80점 부근인 상위권 학생들과 20점 부근인 하위권 학생들만
존재하는 집단도 평균은 50점으로 계산될 수 있습니다. 따라서 평균
이 같다고 해서 그 집단의 성격이 동일하다고 판단할 수는 없습니다.
　그러면 집단의 성격을 정확하게 파악하려면 어떻게 해야 할까요?
'얼마나 많은 자료(변량)들이 평균에서 벗어나 있는가?'라는 추가적인
통계값을 알아야 합니다. 기초적인 통계학을 배운 적이 있다면, 이것
이 분산 또는 표준편차라는 것을 아실 겁니다. 분산의 제곱근을 표준
편차라고 하며, 분산 또는 표준편차가 작을수록 자료들이 평균에 가
깝고, 클수록 평균에서 멀어지게 됩니다. [그림 3-7]의 세 집단 중 첫
번째 집단의 표준편차가 가장 작을 것입니다. 그렇다면 표준편차는
어떻게 구할까요?

표준편차를 구하는 과정은 다음과 같습니다.

1. 각 자료값에서 평균을 뺀 값인 편차를 구합니다.

2. 이 값들을 제곱합니다.

3. 제곱한 값들을 모두 더합니다.

4. 이 값을 자료의 개수로 나눠 분산을 얻은 후, 제곱근을 취합니다.

이 과정을 수식으로 나타내면 다음과 같습니다.

여기서 σ^2은 분산, σ는 표준편차, X_i는 각 자료값, $\overline{X}$는 평균, N은 자료의 개수입니다.

$$\sigma^2 = \frac{(X_1 - \overline{X})^2 + (X_2 - \overline{X})^2 + \ldots + (X_N - \overline{X})^2}{N} = \frac{1}{N}\sum_{i=1}^{N}(X_i - \overline{X})^2 \quad \text{[8]}$$

$$\sigma = \sqrt{\frac{1}{N}\sum_{i=1}^{N}(X_i - \overline{X})^2}$$

이 과정으로 집단의 성격을 더 정확하게 파악할 수 있습니다.

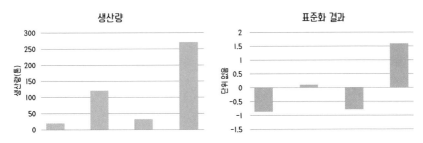

[그림 3-8] (좌)생산량과 (우)표준화 결과의 예

---

8. 모집단이 아닌 표준 집단의 분산(표준편차)을 구하기 위해서는 분모에 N-1 값을 넣어서 계산한다.

[그림 3-8]과 같이 어느 회사의 제품 생산량이 20, 120, 30, 270톤으로 변한다고 할 때, 생산량의 표준편차를 구해보겠습니다. 평균은 (20 + 120 + 300 + 270)/4 = 110톤이고, 각 자료의 편차들은 각각 −90, 10, −80, 160톤이므로 표준편차는 아래와 같이 약 100톤이 됩니다.

$$\sqrt{\frac{(-90)^2 + (10)^2 + (-80)^2 + 160^2}{4}} \simeq 100.25$$

평균과 표준편차를 알면 우리는 편차를 표준편차로 나눈 값 $\left(\frac{X_i - \overline{X}}{\sigma}\right)$으로 정의되는 표준화(standardization)값들을 구할 수 있습니다. 이 자료의 표준화된 값들은 각각 −0.9, 0.1, −0.8, 1.6입니다.

이 회사의 생산량은 약 20~270톤의 범위에서 변했지만, 표준화 결과는 약 −0.9에서 1.6 사이에 위치합니다.

이제 세로축의 단위를 살펴보겠습니다. 원래 왼쪽 그래프의 세로축 단위는 당연히 생산량(톤)입니다. 그런데 표준화된 오른쪽 그래프의 단위는 어떻게 될까요? 이 경우, 편차의 단위는 '생산량(톤)'이 되며, 표준편차의 단위도 '생산량(톤)'이 됩니다. 표준화 공식에서 표준화된 값은 편차를 표준편차로 나누므로 단위가 없어지게 됩니다.

그러면 이런 표준화된 그래프를 만드는 이유는 무엇일까요? 가장 중요한 이유는 회사 생산량의 변동 원인을 파악하기 위해서 투입 인력, 공장 가동 시간, 물가 변동 등 다양한 변수들과 비교해야 하기 때문입니다.

[그림 3-6]으로 되돌아가서 우리는 ^{18}O의 비율과 수온의 변동 관계를 비교하고 있습니다. 그러나 두 변수는 단위와 변동 폭이 서로 다르

기 때문에 비교가 쉽지 않습니다. 그래서 각각의 자료를 표준화하면, 즉 평균을 0으로 만들고 표준편차를 1로 만들게 되면, 모두 비슷한 변동 폭을 가지게 됩니다. 이렇게 하면 서로의 변동 관계를 매우 효율적으로 비교할 수 있습니다.

기후 변화의 원인과 변동을 연구할 때는 서로 다른 자료 간의 연관성을 비교해야 하는 경우가 많습니다. 이때, 자료를 표준화하는 작업은 과학자들에게 가장 기초적인 자료 분석 과정입니다. 표준화를 통해 다양한 변수를 동일한 기준으로 분석할 수 있고, 이는 좀 더 정확한 결론을 도출하는 데 도움이 됩니다.

1. 기후 대리 자료에 관한 설명 중 옳은 것을 <u>모두</u> 고르시오.

① 식물의 나이테 간격은 기후 대리 자료로 사용될 수 있다.

② 산소 동위원소에 사용되는 원소의 양성자 개수는 16개와 18개이다.

③ 평소보다 기온이 상승하면 평소보다 빙하 속의 산소 18번 비율이 높아진다.

④ 빙하와 산호의 산소 동위원소 비율 변동은 서로 비례 관계이다.

⑤ LGM 시기의 산호는 평소보다 산소 18번 비율이 높다.

2. 표준화된 강수량 자료의 단위는?

① mm   ② L   ③ kg

④ %   ⑤ 단위 없음

 정답

1. ①, ③, ⑤ 2. ⑤

과거의 기후 변동

지질 시대

앞에서는 기후 대리 자료를 이용해 과거 기후를 복원하는 원리와 몇 가지 기초 통계를 공부했습니다. 이번 장에서는 기후 복원의 결과물을 통해 약 45억 년 동안 지구의 기후가 어떻게 변해왔는지 살펴보겠습니다.

지구 역사를 가장 효과적으로 이해하기 위해서는 지질 시대를 기준으로 구분하는 것이 좋습니다. 한 시대가 지질학적 단위로 정의되기 위해서는 기후 변화뿐만 아니라 대규모 지반 운동, 생물군의 변화 등을 종합적으로 고려해야 합니다. 지질 시대를 나누는 가장 큰 단위는 누대(이언, Eon)입니다. 가장 오래된 명왕 누대(Hadean Eon), 시생 누대(Archean Eon), 원생 누대(Proterozoic Eon)를 합쳐서 선캄브리아 시대(Precambrian)라고 부르며, 이 시기는 전체 지질 시대의 약 88%를 차지하고 있습니다.

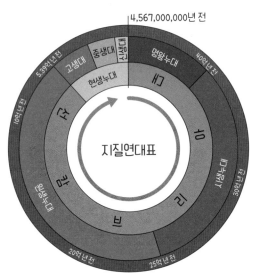

[그림 4-1] 지질 시대에서 각 시대가 차지하는 비율 (출처: 『대학 지구과학개론』)

나머지 약 12%는 우리가 살고 있는 현생 누대(Phanerozoic Eon)입니다. 현생 누대는 그리스어에서 유래된 '눈에 보이는 생명'이라는 뜻으로, 약 5억 4천만 년 전에 시작되었습니다.

누대는 다시 대(Era), 기(Period), 세(Epoch)로 세분화됩니다. 현생 누대를 구성하는 고생대(Paleozoic Era), 중생대(Mesozoic Era), 신생대 (Cenozoic Era)는 그 이름에서 알 수 있듯이 생물의 변화를 근거로 구분합니다. 고생물학자들이 발견한 다양한 표준화석들이 지질 시대를 구분하는 대표적인 지시자입니다. 예를 들어, 고생대에는 삼엽충, 필석, 푸줄리나, 갑주어 등이 있고, 중생대에는 공룡, 암모나이트, 시조새 등이 있으며, 신생대에는 화폐석과 매머드 등이 있습니다.

고생대, 중생대, 신생대는 다시 세부 단위인 '기'로 나뉩니다. 고생대에는 6개, 중생대에는 3개, 신생대에는 3개의 기가 각각 속해 있습니다. 약 6천 5백만 년 전에 시작된 신생대는 인류가 탄생한 시기이며 고진기, 신진기, 제4기[9]로 구성되어 있습니다.

기는 '세'로 불리는 더 작은 단위들로 구분되며, 신생대를 구성하는 총 7개의 세는 과거부터 현재까지 팔레오세(Paleocene), 에오세 (Eocene), 올리고세(Oligocene), 마이오세(Miocene), 플라이오세(Pliocene), 플라이스토세(Pleistocene), 홀로세(Holocene)의 순서로 나뉩니다.

오존층이 형성되어 유해한 자외선을 차단하면서 육상 생물, 즉 '눈에 보이는 생명'이 최초로 출현한 고생대는 지구 역사에서 약 6%의 비율을 차지합니다. 이후 중생대는 4%, 신생대는 2%를 차지합니다. 신

---

9. 지사학이 정립된 초기에는 지질 시대를 1, 2, 3, 4기로 나누었다. 이후 1기와 2기가 고생대, 중생대로 바뀌고 신생대에 3기와 4기가 포함되었다. 현재는 3기를 고진기, 신진기로 더 세분화해서 구분한다.

생대 2% 중에서 인류가 살아온 기간은 거의 0%에 가깝지만, 인류는
어떤 생물보다 지구에 매우 빠른 속도로 큰 영향을 미치고 있습니다.

[그림 4-2] '인류세'를 이미지로 구현한 『네이처』의 2015년 3월호 표지 (출처: www.nature.com)

  2015년 3월, 과학 논문지 『네이처(Nature)』에 이제 홀로세는 끝났고
새로운 지질 시대인 인류세(Anthropocene)가 시작되었다는 내용이 실
렸습니다. 인류세라는 용어는 오존층을 발견해 노벨상을 받았던 폴
크뤼천(Paul J. Crutzen, 1933~2021) 박사와 미국의 생물학자인 유진 스
토머(Eugene F. Stoermer, 1934~2012) 박사가 2000년 지구환경 뉴스레
터에서 처음 사용했습니다. 최근 인간의 활동이 지구 생태계 및 환경
에 광범위한 영향을 미쳤기 때문에 새로운 시대 개념을 도입해야 한
다는 논의가 있었는데, 이러한 논의는 2024년 3월 국제지질학연합

(IGU, International Union of Geological Sciences) 산하 제4기 층서 소위원회에서 부결되면서 일단락되었습니다. 그러나 극심한 기후 변화와 생물 다양성 손실 등이 가속화되고 있다는 점에서 일부 학자들은 여전히 인류세의 도입을 주장하고 있습니다.

지질 시대의 기온 변화

우리는 기후 대리 자료들을 이용해 과거의 기후를 복원할 수 있다는 사실을 알게 되었습니다. 이제 기후 복원의 결과물을 통해 지질 시대별로 지구의 기온이 어떻게 변했는지 살펴보겠습니다.

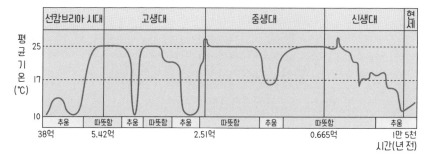

[그림 4-3] 지질 시대의 기온 변동 (자료: Marshak (2019))

지구에 지각이 형성되고 대기의 조성이 바뀌는 과정에서 지구의 평균 기온은 [그림 4-3]과 같이 끊임없이 변해왔습니다. 선캄브리아 시대 후반부터 지구 평균 기온은 약 25°C까지 올랐으며, 고생대에서는 이 기온이 유지되다가 두 번의 큰 빙하기가 있었습니다. 중생대에도 한 번의 긴 빙하기가 있었고, 신생대에는 매우 다양한 기온 변화를 겪었습니다. '대' 또는 '기'의 시간 규모에서 생각한다면, 지구는 현재 빙하기에 있습니다. 그러나 '세' 이하의 시간 규모에서는 현재 기온이 회복되고 있는 간빙기라고 할 수 있습니다. 우리가 살고 있는 홀로세는 '빙하기가 끝나 전부 새로워진 시기'라는 의미로, 현재 우리가 간빙기에 살고 있음을 뒷받침해줍니다.

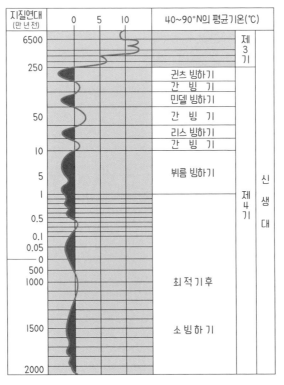

[그림 4-4] 신생대의 기온 변동 (자료: Marshak (2019))

[그림 4-4]에는 신생대의 기온 변동이 더욱 자세히 표시되어 있습니다. 신생대 제4기에는 귄츠(Günz) 빙하기, 간빙기, 민델(Mindel) 빙하

기, 간빙기, 리스(Riss) 빙하기, 간빙기, 뷔름(Würm) 빙하기, 최적 기후, 소빙하기 등의 시기가 연속적으로 나타났습니다.

모든 빙하기의 이름과 시기를 정확히 외울 필요는 없습니다. 다만, 지구의 기후는 45억 년 동안 지속적으로 변해왔다는 것과, 과학자들이 다양한 기후 대리 자료를 이용해 기후 복원 연구를 진행하고 있다는 사실을 기억하시기 바랍니다.

이제 [그림 4-5]에서는 최근 간빙기인 약 13만 년 전의 리스-뷔름 간빙기부터 현재까지의 기온 변동 자료를 살펴보겠습니다.

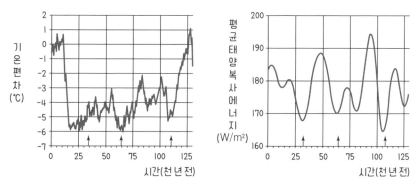

[그림 4-5] 최근 간빙기부터 현재까지 기온 및 태양 복사 에너지 변동
(자료: Jouzel et al. (1996); Berger (1978); Berger and Loutre (1991)).

첫 번째 그래프는 기온 편차를 나타냅니다. 이 결과는 남극 지역 보스토크(Vostok)에서 채취한 빙하 시추 자료를 이용해 만든 기후 대리 자료를 기반으로 합니다. LGM 시기(약 18,000년 전)의 기온이 현재보다 약 6℃ 정도 낮았음을 확인할 수 있으며, 뷔름 빙하기 동안의 다양한 소빙하기들도 표시되어 있습니다.

두 번째 그래프는 연평균 태양 복사량의 변동을 나타냅니다. 태양 복사량은 기후 변동에 매우 중요한 요인으로, 관련 내용은 5장 〈기후 변동의 원인〉에서 자세히 설명해드리겠습니다. 단순하게 생각해봐도 태양 에너지가 적게 들어오는 시기에는 지구의 기온이 낮아지게 됩니다. 이는 소빙하기 기간과 어느 정도 일치함을 발견할 수 있습니다.

그런데 이 두 그래프가 정확하게 일치하지는 않습니다. 지구 기온 변동을 일으키는 요인에는 태양 복사 에너지 외에도 지구 시스템의 상호 작용 과정에서 발생하는 다양한 현상들이 있기 때문입니다.

태양 상수

[그림 4-5]의 두 번째 그래프를 자세히 살펴보면, 태양 복사 에너지의 변동 폭은 약 160에서 200 정도인 것 같습니다. 이번에는 태양 복사 에너지의 단위를 공부해보겠습니다.

우선, 지구에 도달하는 태양 복사 에너지를 나타내는 태양 상수(solar constant)의 정의를 알아봅시다. 태양 상수란 지구 대기권 밖에서 단위 시간당 단위 면적에 수직으로 도달하는 태양 복사 에너지의 양을 의미합니다. 그 값은 상수(constant)로 약 2 cal/(min cm^2)에 해당합니다. 즉 지구 대기권에서 1분(min) 동안 1 cm^2 면적에 수직으로 입사하는 태양 복사 에너지는 약 2 cal입니다.

수성이나 금성의 태양 상수는 어떨까요? 전기 히터에 더 가까이 갈수록 따뜻해지는 것처럼 지구보다 태양까지의 거리가 더 가까운 행성의 태양 상수는 2 cal/(min cm^2)보다 클 것입니다. 반대로 목성, 토성과 같이 더 멀리 있는 행성들은 더 작은 태양 상수를 갖습니다. 태양계 행성들의 태양 상수는 모두 정확하게 알려져 있습니다.

이제 단위 변환 연습을 해보겠습니다. cal는 에너지의 단위입니다. 에너지와 같은 물리량은 일(work)입니다. 대표적인 일의 단위로는 줄(J)이 있으며, 1 cal는 약 4.2 J입니다. 그럼 태양 상수에서 에너지를 일의 단위로, 그리고 SI[10] 기준에 따라 분(min)을 초(sec)로, 센티미터(cm)를 미터(m)로 바꿔보겠습니다.

$$2 \text{ cal/min cm}^2 \simeq 2 \times (4.2 \text{ J})/(60 \text{ s})(0.01 \text{ m})^2$$
$$= 1400 \text{ J/s m}^2 = 1400 \text{ W/m}^2$$

단위 시간 동안 한 일을 나타내는 일률의 단위인 와트(W = J/s)를 적용하면, 지구의 태양 상수는 약 1400 W/m²입니다.

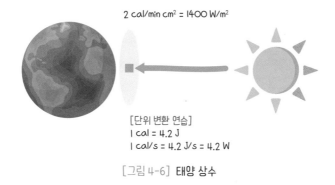

[그림 4-6] 태양 상수

---

10. SI 단위(International System of Units)는 국제단위계를 의미한다. SI 기본 단위에는 길이의 단위인 미터(m), 시간의 단위인 초(s), 질량의 단위인 킬로그램(kg), 온도의 단위인 켈빈(K), 물질량의 단위인 몰(mol), 그리고 빛의 세기의 단위인 칸델라(cd) 등 총 7개가 있다.

그런데 이 시점에서, 기후 변동을 이해한다면서 왜 갑자기 태양 상수를 공부하고 있는지 의문을 제기할 수 있습니다. 2장의 〈지구 시스템〉에서 공부한 '생물권을 포함한 다양한 지구 시스템의 근본적인 에너지원은 태양 복사 에너지'라는 내용을 기억하시기 바랍니다. 기후 변화에 대해 자신 있게 말하려면 태양이 지구에 얼마나 많은 에너지를 제공하는지 정도는 알아야 할 것입니다.

조금 더 나아가서 태양 상수를 이용해 지구에 도달하는 총 태양 복사 에너지를 계산해보겠습니다. [그림 4-7]처럼 태양은 지구에서 매우 멀리 떨어져 있기 때문에, 태양 빛은 지구의 어느 지점에나 직선으로 도달한다고 가정해볼 수 있습니다. 따라서 지구가 받는 총 태양 복사 에너지의 양은 태양 상수(K_S)에 지구 반경(R_E)을 반지름으로 하는 원의 면적(πR_E^2)을 곱하면 됩니다.

그러나 여기서 한 가지 고려해야 할 요소가 있습니다. 지구에 입사된 태양 복사 에너지 중 약 30%는 구름, 빙하 등에 의해 우주로 반사됩니다. 이를 지구의 반사율(알베도, albedo)이라고 합니다. 따라서 지구에 도달하는 총 태양 복사 에너지를 좀 더 정확하게 계산하려면 태양 상수의 70%에 지구 반경을 반지름으로 하는 원의 면적을 곱하면 됩니다.

이제 지구가 받는 평균 태양 복사 에너지양을 생각해봅시다. 태양의 반대편에 위치한 지역은 밤이므로 태양 복사 에너지를 받지 않습니다. 하지만 지구의 자전에 의해 12시간 후에는 다시 태양 복사 에너지를 받게 됩니다. 그러면 평균 태양 복사 에너지는 총 태양 복사 에너지의 절반일까요?

우리나라처럼 중위도 지역에서는 태양 빛이 정오에 정확히 머리 위에서 비추지 않기 때문에, 저위도 지역에 비해 같은 면적에 도달하는 태양 복사 에너지의 양이 적습니다. 이는 마치 손전등을 비스듬히 비추면 그림자의 면적이 넓어지면서 에너지의 밀도가 낮아지는 것과 같은 원리입니다.

결론적으로, 태양 복사 에너지는 지구가 자전하는 과정에서 지구 표면 전체에 고르게 도달하게 됩니다. 따라서 평균 태양 복사 에너지는 총 에너지를 지구의 표면적($4\pi R_E^2$)으로 나누어 계산해야 합니다. 이 부분은 7장의 '복사 평형 온도 구하기'에서 자세히 다루겠습니다.

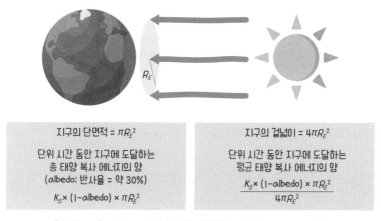

[그림 4-7] 지구에 도달하는 전체 및 평균 태양 복사 에너지의 양

그러면 [그림 4-7]처럼 간단한 계산을 해볼까요? 태양 상수가 1400이고 반사율이 30%라고 가정하면, 순수하게 지구에 들어오는 태양 복사 에너지는 980 W/m²입니다. 단위 시간 동안 지구에 도달하는 총 태양 복사 에너지는 이 값에 지구 단면적(πR_E^2)을 곱하면 되고, 평균 복사 에너지는 이 값을 지구 표면적($4\pi R_E^2$)으로 나누어야 합니다. 그러므로 980의 1/4인 약 245 W/m²의 값을 얻을 수 있습니다.

우리가 계산한 평균 태양 복사 에너지값인 245 W/m²를 [그림 4-5] 의 두 번째 그림의 160~200 W/m²와 비교해봅시다. 두 값은 거의 비슷하지만 약간의 차이가 있습니다. 이 차이의 원인은 논문에서 제시된 태양 복사 에너지가 60°N 지역에서 계산된 것이기 때문입니다. 이 지역은 정확히 중위도보다 약간 더 고위도에 위치하고 있습니다. 그러므로 우리가 계산한 평균 245 W/m²보다는 조금 낮은 값이 나올 수 있다는 합리적인 추론을 할 수 있습니다.

단순한 그래프라도 각각의 값들을 내가 알고 있는 상식적인 수치와 비교하는 습관은 매우 중요합니다. 만약 값이 다르다면 그 원인을 과학적으로 탐구해보는 것이 필요합니다. 이런 접근 방식을 통해 자료가 나타내는 물리적 의미를 정확히 이해하고 해석할 수 있습니다.

영거 드라이아스와 컨베이어 벨트 순환

앞에서는 약 13만 년 전부터 현재까지의 태양 복사 에너지와 기온 변동의 관계를 살펴보았습니다.

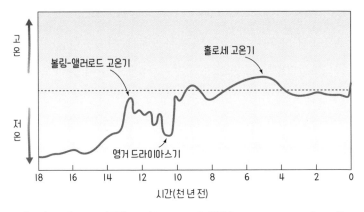

[그림 4-8] 18,000년 전부터 현재까지 기온 변동 (자료: Platt et al. (2017))

이제 [그림 4-8]을 보며 18,000년부터 현재까지의 기온 변화를 살펴보겠습니다. 18,000년은 여러 차례 소개되었기 때문에 이제는 매우 익숙할 것입니다. 이 시기는 마지막 최대 빙하기(LGM)였습니다. LGM 이후 지구의 온도는 꾸준히 상승해 약 13,000년 전에는 볼링–앨러로드(Bölling-Alleröd)라는 고온기에 접어들었습니다. 그 후 약 11,000년 전에 온도가 다시 내려갔는데, 이 시기를 '영거 드라이아스(Younger Dryas)'라는 소빙하기로 정의합니다. 참고로, 드라이아스(dryas)는 고위도 고산 지역에서 번성하는 꽃의 이름이며, 영거 드라이아스는 이 시기에 이 꽃이 번성했다고 해서 붙여진 이름입니다. 이후 다시 기온이 회복되어 '홀로세 고온기(Holocene Maximum)'를 지나 현재의 기온을 유지하고 있습니다.

이 시기는 특별히 태양 복사 에너지가 감소한 것도 아니었습니다. 그럼 영거 드라이아스 시기는 왜 발생했을까요? 그 이유는 표층과 심층을 연결하는 대규모 해양 순환과 관련이 있습니다.

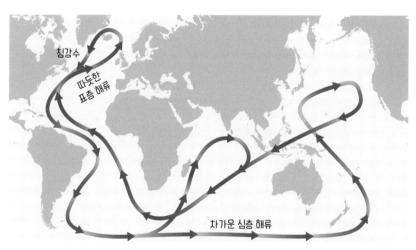

[그림 4-9] 단순화시킨 해양 컨베이어 벨트 순환 (자료: Broecker (1991))

[그림 4-9]는 대양의 표층과 심층을 연결하는 대규모 해양 순환을 단순화하여 나타냅니다. 그림의 빨간 화살표는 태평양, 인도양, 대서양을 서로 연결하는 표층 해류의 이동 방향을 보여줍니다. 북대서양에서는 따뜻한 표층 해수가 침강수로 변합니다. 침강수는 고위도 지역에서 차가워진 고밀도 해수가 심층으로 가라앉으면서 형성됩니다.

참고로 해수의 밀도에 영향을 주는 요인으로 염분[11]도 있습니다. 해수가 얼면서 해빙(sea ice)이 형성될 경우, 거의 순수한 물만 얼게 됩니다. 따라서 해빙이 형성되는 주변 바닷물의 염분이 높아지게 되고, 이는 고밀도의 침강수를 형성하기 좋은 조건이 됩니다. 반대로 대량의 강물이 유입되면 해양의 염분은 낮아집니다. 염분이 낮아진다는 것은 바다의 밀도가 감소했다는 뜻이며, 따라서 이 해역에서는 침강수가 형성되기 어렵습니다.

남극해를 포함하여 지구상 여러 곳에서 침강수가 형성되지만, 이 그림에서는 대표적으로 북대서양만 표시했습니다. 해양 심층까지 침강한 해수는 파란색 화살표를 따라 다시 전 세계를 순환하게 됩니다. 전 세계 해양의 심층을 순환하던 해류는 인도양과 태평양에서 천천히 상승하여 다시 표층 해류와 만나 하나의 벨트처럼 연결됩니다. 이러한 과정이 컨베이어 벨트와 비슷하다고 해서 이를 해양 컨베이어 벨트 순환이라고 합니다.

그런데 11,000년 전에는 과연 어떤 일이 일어났을까요? 우선 해양 컨베이어 벨트의 역할에 대해 생각해봅시다. 현재 대서양의 표층 해류는 저위도의 따뜻한 해수를 고위도로 운반하고 있습니다. 특히 이 지역에서는 주로 서쪽에서 동쪽으로 바람이 불어 대서양을 지나면서

---

11. 염분이란 1kg 해수에 들어 있는 염류의 총량(g)을 의미하며, 주로 전기 전도도로 측정한다.

따뜻해진 공기가 유럽으로 이동해 이 지역을 온난한 기후로 유지해줍니다. 즉, 온난한 기후를 유지할 수 있는 원인은 북상하는 표층수입니다. 그런데 이 표층수가 잘 북상하기 위해서는 침강수가 지속적으로 형성되어 컨베이어 벨트로 연결된 심층 순환이 남쪽으로 원활하게 이동해야 합니다.

만약 어떤 원인으로 극지방의 육상 빙하가 녹아 바다로 유출된다면 어떻게 될까요? 앞에서 설명한 것처럼, 표층 염분이 낮아져 해수의 침강이 잘 이루어지지 않을 것입니다. 그로 인해 심층수 형성이 둔화되고 이에 따라 북상하는 표층수의 양이 감소하므로, 북대서양 주변 고위도 지역은 더 이상 온난한 기후를 유지하기 어렵게 됩니다. 북대서양의 한랭한 기후가 지속되면 주변의 빙하 분포 면적이 넓어지게 됩니다. 그러면 지구의 반사율이 증가하게 되어 전체적으로 지구에 들어오는 태양 복사 에너지양이 줄어들게 됩니다. 이런 과정이 지속되면 전 세계 기후 변화에 큰 영향을 미치게 됩니다. 이것이 바로 11,000년 전에 일어난 일입니다. 과학자들은 이 사례를 통해 해양 컨베이어 벨트 순환이 지구 기온을 유지하는 데 상당히 중요한 역할을 한다는 것을 알게 되었습니다.

마지막으로, 영거 드라이아스기는 어떤 원인으로 끝이 났을까요? 북대서양의 한랭한 기후가 지속되면 표층수의 밀도가 증가하여 심층 순환이 다시 강해질 것입니다. 이에 따라 컨베이어 벨트로 연결된 표층 순환도 강해지고, 북상하는 따뜻한 표층수의 양이 증가하여 북대서양의 고위도 지역은 다시 온난한 기후로 변할 수 있습니다. 6장 〈피드백 이론〉에서 자세히 설명하겠지만, 지구 시스템은 원래 상태로 회복하는 다양한 능력을 가지고 있습니다.

최근 100년 동안의 변동과 이동 평균

눈썰미가 좋은 분들은 [그림 4-8]에서 현재 시기에 기온이 급격히 상승하는 모습을 확인하셨을 것입니다. 이를 더욱 정확하게 확인하기 위해 최근 100년 동안의 기온 변동을 살펴보도록 하겠습니다.

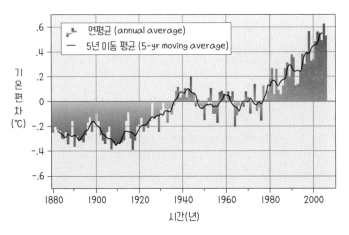

[그림 4-10] 최근 100년 동안 전 지구 연평균 기온 변화 (자료: Mohorji et al. (2017))

[그림 4-10] 그래프를 통해 최근 100년 동안 기온이 점점 높아지고 있다는 사실을 확인할 수 있습니다. 이는 우리가 잘 알고 있는 '지구 온난화' 때문일 것입니다. 지구 온난화에 숨겨진 과학적 비밀은 7장과 8장에서 자세히 공부할 예정입니다. 여기서는 기후 변동을 좀 더 효율적으로 파악하기 위해 연구자들이 수행하는 몇 가지 기본적인 자료 처리 방법을 알려드리겠습니다.

[그림 4-10]에는 두 가지 종류의 그래프가 중첩되어 있습니다. 첫 번째는 연평균 변화(annual average change) 그래프입니다. 1년 동안 관

측된 모든 값을 평균하여 하나의 값으로 만들었고, 이를 막대그래프 형태로 표시했습니다. 100년 동안의 자료이므로 총 100개의 값이 있습니다. 이 그래프를 통해 기온이 매년 매우 다양하게 변한다는 것을 확인할 수 있습니다.

다음으로는 5년 평균 변화(5-year average change)를 나타내는 검은색 실선 그래프가 있습니다. 그렇다면 5년 평균은 어떻게 구했을까요? 총 100년의 자료에서 5년 단위로 평균을 내서, 총 20개의 자료만으로 검은색 실선 그래프를 그렸을까요?

검은색 실선의 자료를 만드는 방법을 이해하기 위해서는 이동 평균(moving average) 개념을 알아야 합니다. 이동 평균은 기후 변화와 같은 자연 과학 논문뿐 아니라, 주식 변동 그래프 등 다양한 사회 경제 분야에서도 널리 활용되고 있는 방법입니다.

[표 4-1]은 호주 어떤 지역의 연도별 전력 소비량(GWh)[12]을 기록한 표입니다. 이 자료는 인간 활동의 증가를 잘 보여주고 있습니다. 시간이 지남에 따라 전력 수요가 전체적으로 늘어나는 경향을 보이지만, 매년 작은 변동도 존재합니다. 예를 들어, 2000년에는 전력 소비량이 급증했지만 2001년에는 다시 줄어들었습니다. 이러한 경향을 그래프로 나타내면 [그림 4-11]의 파란색 막대그래프가 됩니다.

[표 4-1]의 5-MA는 무엇을 의미할까요? MA는 moving average의 약자이고, 5-MA는 5년 이동 평균을 의미합니다. 그렇다면 5년 이동 평균은 어떻게 구할까요? 처음 5년인 1989~1993년까지의 전

---

12. 전력의 단위는 1초 동안 할 수 있는 일의 양인 W(와트)이다. Wh(와트시)는 1시간 동안 소비(생산)되는 '전력량'이며, 1GWh(기가와트시)는 1시간 동안 10^9W의 전력이 소비(생산)되었다는 뜻이다.

[표 4-1] 연도별 전력 소비량 (자료: 에너지경제연구원)

연도	소비량 (GWh)	5-MA
1989	2354.34	
1990	2379.71	
1991	2381.52	2381.53
1992	3468.99	2424.56
1993	2386.09	2463.76
1994	2569.47	2552.60
1995	2575.72	2627.70
1996	2762.72	2750.62
1997	2844.50	2858.35
1998	3000.70	3014.70
1999	3108.10	3077.30
2000	3357.50	3144.52
2001	3075.70	3188.70
2002	3180.60	3202.32
2003	3221.60	3215.94
2004	3176.20	3307.30
2005	3430.60	3398.75
2006	3527.48	3485.43
2007	3637.89	
2008	3655.00	

력 소비량의 평균은 2381.53이 됩니다. 이 값을 정확히 중간 시기인 1991년에 해당하는 칸에 적습니다. 다음으로는 1년 이동(moving)해서 1990~1994년까지의 전력 소비량의 평균인 2424.56을 중간 시기인 1992년에 해당하는 칸에 적습니다. 이런 식으로 계속 1년씩 이동하면서 5년씩 평균을 구하는 방법이 5-MA를 만드는 방법입니다.

이렇게 해서 이동 평균을 적용한 최종 결과는 [그림 4-11]의 빨간색 곡선입니다. 막대그래프로 나타낸 1년 평균 결과보다 완만한 곡선임을 확인할 수 있습니다. 사실, [그림 4-10]의 최근 100년 기온 변화에서도 이동 평균 그래프가 연평균 그래프보다 완만한 변동을 보여주었습니다.

기후 변동에는 다양한 시간 규모를 가진 여러 현상이 복합적으로

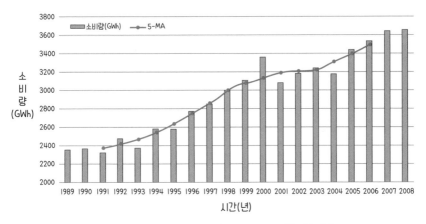

[그림 4-11] 연도별 전력 소비량 (자료: 에너지경제연구원)

포함되어 있습니다. 만약 어떤 연구자가 10년 이상의 긴 주기를 가진 현상을 연구하고 싶다면, 그보다 짧은 주기를 가진 변동에는 관심이 없을 수 있습니다. 이럴 때, 작은 주기의 변동을 통계적으로 제거하는 가장 간단한 방법이 이동 평균입니다.

이동 평균과 같은 의미로 'running mean'이라는 영어 표현도 있습니다. 이는 달리면서(running) 평균(mean)을 계산한다는 뜻입니다. 좀 더 쉬운 말로는 그래프를 부드럽게(smoothing) 만든다고 표현할 수 있습니다. 전문가들은 저주파 통과 필터(low pass filter)를 적용해 필터링한다고도 말합니다. 주파수란 일정 구간에서의 진동 횟수를 나타내는 물리량입니다. 저주파는 일정 구간에서 진동 횟수가 적다는 의미이고, 반대로 고주파는 많다는 의미입니다. 저주파 필터는 천천히 진동하는, 즉 긴 주기를 가지는 신호만을 걸러낸다는 뜻입니다. 물론 필터링과 이동 평균은 방법론적으로 차이가 있지만, 긴 주기의 신호를 추출하려는 궁극적인 목표는 동일합니다.

한 가지 더 설명하겠습니다. [표 4-1]에서 이동 평균을 적용한 결과, 처음과 끝의 2년 자료가 없어졌습니다. 만약 우리가 11년 이동 평균을 적용하려면 어떻게 해야 할까요? 당연히 처음 11년의 자료를 모두 평균해서 6년째 되는 칸에 그 값을 적고, 1년씩 이동하면서 11년 평균을 반복해야 합니다. 이렇게 하면 처음과 끝의 5년 자료는 없어지게 됩니다. 대신 그래프는 더 완만한 곡선으로 변할 것입니다. 이런 과정을 필터의 길이를 조절한다고 표현할 수 있으며, 더 긴 필터를 사용하면 그만큼 더 완만한 곡선을 얻을 수 있습니다. 그러나 이동 평균을 사용할 경우, 자료의 손실이 발생할 수 있다는 점도 함께 알아두어야 합니다.

기후 변화를 공부하면서 여러분은 아주 완만하게 처리된 곡선을 많이 보게 될 것입니다. 이러한 자료들은 짧은 주기로 변하는 모든 신호들을 필터링한 결과라는 점을 기억해두시기 바랍니다.

1. 다음 지질 시대 중 가장 작은 단위는?

　① 세　　　② 기　　　③ 대　　　④ 이언

2. 다음 중 태양 상수와 동일한 단위는?

　① cal/min　　　② W　　　③ J/(s m^2)　　　④ GWh

3. 괄호 안에 적합한 단어를 고르고 마지막 괄호에 적합한 용어를 적으시오.

> 지구 온난화가 가속되어 북대서양에서 (표층/심층)수가 충분히 형성되지 못
> 한다면 그와 연결된 표층 순환도 (강/약)해질 것이다. 즉, 저위도의 따뜻한 해
> 수를 고위도로 운반하는 (표층/심층) 해류가 약해짐에 따라 현재 (온난/한랭)
> 한 기후를 유지했던 유럽은 오히려 (온난/한랭)한 기후로 변할 수도 있다. 이
> 는 해양의 (　　　　　　　) 순환이 중단되거나 매우 약해졌다는 뜻이다.

4. 기후 변동과 관련된 자료를 분석할 때 주로 사용하는 통계처리 방법이 <u>아닌</u>
　것은?

　① 표준화　　　② 이동 평균　　　③ 고주파 필터　　　④ 선형 회귀

5. 이동 평균과 관련된 설명 중 옳은 것은?

　① 평균하는 구간을 넓게 조정하면 그래프가 더욱 완만해진다.

　② 평균한 개수는 원래 자료의 개수와 동일하다.

　③ 자연 과학 분야에서만 사용되는 기법이다.

　④ 주로 짝수개의 자료를 평균한다.

5

기후 변동의 원인

자연적 원인과 인위적 원인

4장에서 우리는 지질 시대 동안 지구의 기후가 어떻게 변해왔는지 알아보았습니다. 그렇다면 지구의 기후는 왜 변해왔을까요? 20년 이상 기후 변화를 연구한 저를 포함해 대부분의 과학자들도 이 질문에 쉽게 답하기란 어렵습니다. 이는 기후 시스템이 매우 복잡한 과정으로 상호 작용하기 때문입니다.

그럼에도 불구하고 설명해보자면, 기후 변동의 원인은 크게 자연적 요인과 인위적 요인으로 나눌 수 있을 것 같습니다.

우선 태양 복사 에너지를 생각해보겠습니다. 우리는 이미 4장에서 태양 복사 에너지의 정량적인 수치인 태양 상수의 개념과 그 변동값을 알아보았습니다. 그렇다면 태양 상수는 왜 변할까요? 정답을 미리 알려드리면, 태양 활동 강도가 자체적으로 변하거나 지구와 태양 사이의 거리, 지구 자전축 경사각 등이 달라지기 때문입니다. 교과서에서는 이를 기후 변동의 자연적 원인으로 구분합니다.

최근에는 지구 온난화 문제를 해결하기 위해, 지구에 입사하는 태양 복사 에너지를 줄이기 위한 새로운 과학 기술의 연구가 진행되고 있습니다. 예를 들어, 우주에 큰 반사경을 설치해 태양 복사 에너지를 조절하는 지구공학(geo-engineering)[13]적인 아이디어들이 도출되고 있습니다. 더불어, 인간에 의한 지하수 남용이 지구 자전축 기울기를 바꿀 수 있다는 연구 결과[14]도 나오고 있습니다.

---

13 지구 온난화를 막기 위해 인위적으로 기후 시스템을 조절하고 통제하려는 목적으로 연구하는 새로운 과학 기술 분야. 크게 태양 복사 관리(SRM, Solar Radiation Management)와 이산화 탄소 제거(CDR, Carbon Dioxide Removal) 기술의 두 가지 방향으로 연구되고 있다.

14 Seo et al. (2023)

대기 성분도 생물의 광합성, 지각 변동, 화산 폭발 등의 자연적 원인으로 항상 변해왔습니다. 우리가 잘 아는 것처럼 인간 활동에 따른 온실 기체의 증가도 기후 변화의 중요한 요인입니다. 해양의 변동도 마찬가지입니다. 약 11,000년 전의 소빙하기는 자연적 원인으로 인해 해양 순환이 달라져 기후가 변한 사례였습니다. 그러나 최근에는 인위적 원인에 의한 온실 효과의 강화가 해양 순환을 변화시키고 있다는 수많은 연구 결과들이 발표되고 있습니다.

지표면의 변화도 살펴볼까요? 대륙과 해양은 열용량[15]과 반사율도 크게 다르기 때문에 대륙 분포에 따라 지역 간의 에너지 출입이 다르고 전 세계 기후에 큰 영향을 줍니다. 그런데 최근에는 인간 활동에 의한 온실 효과의 강화로 빙하가 녹아 지표의 모습이 바뀌고 있는 상황입니다.

그러므로 기후 변동의 원인을 자연적 원인과 인위적 원인으로 완벽히 구분할 수는 없습니다. 그럼에도 불구하고 이번 5장에서는 우선 기후 변동의 자연적 원인에 초점을 맞춰 살펴보겠습니다.

태양 복사 에너지

기후 변동의 원인 중 대표적인 요인은 태양 복사 에너지의 변동입니다. 태양 복사 에너지의 강도 변동은 태양 흑점(sun spot) 관찰을 통해 확인할 수 있습니다. 태양 활동이 활발해지면 자기장에 의해 태양 표면의 대류 운동이 방해받아 뜨거운 물질이 올라오지 못하게 되며,

---

15 어떤 물질의 온도를 1℃ 높이는 데 필요한 열량이며, 이는 물질의 고유한 특성인 비열(specific heat)에 그 물질의 전체 질량을 곱한 값이다.

이로 인해 [그림 5-1]과 같이 검게 보이는 태양 흑점이 나타납니다. 흑점이 최대에 이를 때 지구에 도달하는 태양 복사량은 약 0.1% 증가하는 것으로 알려져 있습니다.

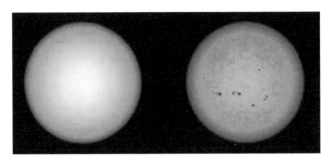

[그림 5-1] 태양 활동 (좌)극소기와 (우)극대기의 흑점 변화 (출처: NASA)

이러한 흑점 변동 주기는 약 11년입니다. 따라서 4장에서 배운 태양 상수는 사실 상수가 아닙니다. 태양 활동에 따라 주기적으로 변하는 변수이며, 특정 시기에는 비정상적으로 커지거나 작아질 수 있습니다. 지구 역사에서 약 1650년부터 1700년까지 태양 흑점 수가 비정상적으로 적어지면서 지구 기온이 낮아졌던 '마운더 극소기(Maunder Minimum)'가 그 대표적인 예입니다.

태양 복사량 자체는 변하지 않지만, 태양과 지구 사이의 거리나 지구 자전축 경사각이 변하면 지구에 도달하는 태양 복사량은 당연히 달라집니다. 이러한 현상은 세르비아의 천체물리학자 밀루틴 밀란코비치(Milutin Milankovitch, 1879~1958)의 이름을 따서 '밀란코비치 주기'라고 잘 알려져 있습니다. [그림 5-2]와 같이 밀란코비치 주기는 다음의 세 가지 요인으로 간략히 설명할 수 있습니다.

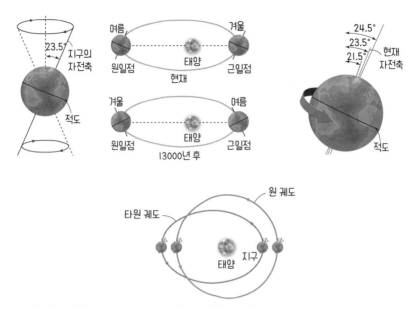

[그림 5-2] 밀란코비치 주기에 따른 세차 운동, 자전축 기울기, 공전 궤도의 모양 변화

첫째, 지구 자전축은 약 26,000년 주기로 팽이처럼 회전하는데, 이를 세차 운동이라고 합니다. 현재는 지구의 북반구가 원일점 부근에 있을 때 여름이고, 근일점 부근에 있을 때 겨울입니다. 그러나 세차 운동으로 인해 약 13,000년 후에는 지구 자전축의 경사 방향이 현재와 반대가 되어 북반구는 원일점 부근에서 겨울을, 근일점 부근에서 여름을 보내게 됩니다. 이로 인해 기온의 연교차는 현재보다 커지게 됩니다.

둘째, 지구 자전축의 기울기는 약 41,000년 주기로 21.5°에서 24.5° 사이에서 변합니다. 현재 지구 자전축의 기울기는 23.5°입니다. 이 기울기가 현재보다 커지면 중위도와 고위도 지역의 여름은 더 더워지고, 겨울은 더 추워져 기온의 연교차가 커집니다.

셋째, 지구의 공전 궤도는 약 100,000년 주기로 거의 원에 가까운 궤도에서 타원 궤도로 변합니다. 공전 궤도가 현재보다 원에 가까워지면, 북반구의 겨울은 더 추워지고 여름은 더 더워져 역시 기온의 연교차가 커지게 됩니다.

미래에는 지구 자전축의 기울기가 지금보다 커질까요? 작아질까요? 또한 지구 공전 궤도 모양은 더 원에 가까워질까요? 아니면 타원 궤도에 가까워질까요? 이 질문의 답은 천문학적 연구 자료나 관련 문헌을 참고하여 스스로 찾아보시기 바랍니다.

결론적으로, 지구의 온도는 다양한 천문학적 주기에 따라 변합니다. 극지방을 제외한 대부분 지역의 온도는 1일 주기로 바뀌는데, 그 까닭은 당연히 지구의 자전에 의해 낮과 밤이 생기기 때문입니다. 계절 변화가 뚜렷한 중위도 지역에서는 1년 주기로 온도가 변합니다. 이는 지구의 자전축이 기울어진 상태로 태양 주위를 공전하기 때문입니다. 또한 태양 복사 에너지의 강도가 변하는 흑점 주기에 따라 약 11년 주기로 지구의 온도도 변합니다. 밀란코비치 주기에 따르면 약 26,000년, 41,000년, 100,000년 주기로 지구에 도달하는 태양 복사 에너지가 변하게 됩니다.

천문학적 요인 외에도 대기와 해양이 상호 작용하면서 일정한 주기로 지구의 온도가 변하는 현상이 많습니다. 예를 들어, 열대 지역에서 1~3개월 주기로 나타나는 매든-줄리안 진동(MJO, Madden Julian Oscillation), 2~8년 주기의 엘니뇨와 남방진동(ENSO, El Niño and Southern Oscillation), 태평양 10년 주기 변동(PDO, Pacific Decadal Oscillation) 등이 있습니다. 엘니뇨에 관해서는 10장에서 다룰 예정입니다. 그러나 다른 현상들은 교양 수준을 넘는 내용이므로 자세한 설명은 생략하겠습니다. 관심 있는 분들은 관련 전공 서적 등을 참고하시기 바랍니다.

판의 운동

이번에는 지구 기후 변동 원인 중 대륙의 이동에 관해 알아보겠습니다. 인간의 활동이 거대한 대륙을 움직일 수 없기 때문에 대륙의 이동은 당연히 기후 변화의 자연적 원인에 해당합니다.

사실, 대륙은 고정된 것이 아닙니다. 지구의 표면은 크고 작은 여러 개의 판(plate)으로 구성되어 있으며, 이들의 움직임에 의해 화산, 지진, 산맥의 형성 등 다양한 지질 현상이 일어납니다. 이러한 현상을 설명하는 이론이 바로 판 구조론(plate tectonics)입니다. 그렇다면 판의 이동과 기후 변동에는 어떤 관련이 있을까요?

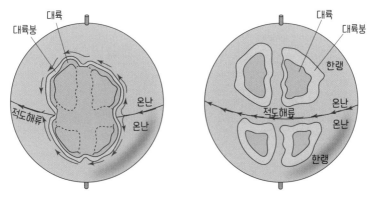

[그림 5-3] 판의 이동에 따른 해류 이동의 변화

[그림 5-3]의 왼쪽 그림과 같이, 적도를 중심으로 하나의 거대한 대륙이 존재하는 경우를 생각해보겠습니다. 적도에서 무역풍에 의해 서쪽으로 흐르던 따뜻한 해류는 대륙에 막혀 고위도로 이동하게 됩니다. 즉, 고위도 지역은 상대적으로 적은 태양 복사 에너지를 받음에도

불구하고, 따뜻한 적도 해류의 유입으로 인해 온난한 기후를 유지할 수 있습니다.

그러나 적도를 기준으로 대륙들이 서로 떨어져 있는 경우에는 적도 해류가 막힘 없이 서쪽 방향으로 흐르게 됩니다. 즉, 남북 방향의 순환 이 없어지면 열의 분배 효과가 줄어듭니다. 그 결과 저위도와 고위도 의 온도 차이가 심해져 적도는 더 더워지고, 극지역은 더 추워집니다. 이러한 해류의 변동은 기후 시스템 내의 다른 요소들을 순차적으로 변화시키면서 전 지구적 기후 변동을 유도하게 됩니다.

참고로, 지구 역사에서 실제 대륙의 분포 변화를 간략하게 살펴보 겠습니다.

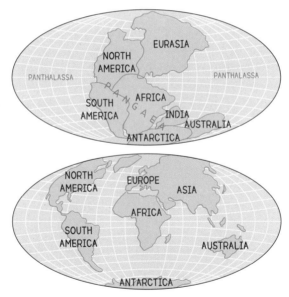

[그림 5-4] (위) 약 2억 년 전과 (아래) 현재의 대륙 분포 (출처: 『최신해양과학』)

[그림 5-4]의 위쪽 그림은 약 2억 년 전의 대륙 분포를 보여줍니다. 당시 유럽, 아메리카, 아프리카, 인도, 호주, 남극 대륙은 모두 하나로 붙어 있었습니다. 지질학자들은 이 거대 대륙을 판게아(Pangaea)라고 부릅니다. 당연히 이 시기에는 바다도 하나였으며, 이를 판탈라사(Panthalassa)라고 합니다. 판게아가 분리되면서 현재의 대륙과 대양이 형성되었고, 기후도 지속적으로 변해왔습니다.

대륙 이동의 원인을 알아보기 전에 판에 대해 조금 더 자세히 공부해보겠습니다.

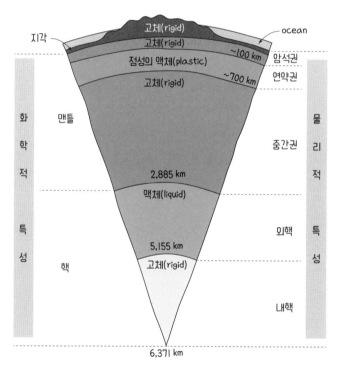

[그림 5-5] 화학적 기준과 물리적 기준에 따른 지구의 내부 구조 (출처: 『대학 지구과학개론』)

[그림 5-5]는 지구를 수박처럼 자른 후 그 단면을 모식화한 것입니다. 지구는 지각, 맨틀, 핵으로 구성되어 있습니다. 여기서 지구를 지각, 맨틀, 핵으로 나누는 기준은 각각의 층을 구성하는 물질의 밀도 차이, 즉 화학적 특성에 기반합니다. 그러나 지구를 암석권, 연약권, 하부맨틀, 외핵, 내핵으로 물리적 기준으로도 나눌 수 있습니다. 암석권(lithosphere)은 딱딱한 고체 상태인 부분을 의미하며, 지각과 맨틀의 상부를 포함합니다. 이 암석권이 바로 판에 해당합니다. 지구의 판인 암석권 밑에는 마치 마시멜로 같은, 고체도 액체도 아닌 상태인 연약권(asthenosphere)이 존재합니다. 이러한 상태를 부분 용융 또는 점성의 액체 상태라고 하는데, 암석권인 판은 연약권 위에 마치 떠 있는 것처럼 수평 이동을 합니다. 연약권 아래에는 고체 상태인 하부맨틀이 존재합니다. 더 깊이 들어가면 액체로 되어 있는 외핵과, 다시 고체로 되어 있는 내핵이 있습니다.

그러면 판은 얼마나 빨리 움직일까요? 우리는 느낄 수 없지만, 판은 1년에 수 밀리미터(mm)에서 센티미터(cm) 움직입니다. 오늘날에는 GPS(Global Positioning System)를 통해 판의 이동 속도와 방향을 쉽게 확인할 수 있습니다.

판 구조론에 따르면, 판들은 움직이면서 서로 충돌하기도 합니다. 두껍고 무거운 판들이 충돌하면 어떻게 될까요? 당연히 지진과 화산 등이 발생하게 됩니다. 특히 화산이 폭발하면 수증기, 이산화 탄소, 염소, 이산화황, 황화수소 등 다양한 화산 가스들이 대기 중에 방출됩니다. 이러한 화산 가스는 지구의 온도를 변화시킵니다.

4장 '지질 시대의 기온 변화'에서 보았던 [그림 4-3] 그래프를 다시 확인해봅시다. 고생대 말에 온도가 급격히 상승한 시기가 있습니다.

일부 학자들은 이 시기에 판게아가 분리되기 시작하면서 다양한 화산 활동이 발생하고 해양 순환이 변화하여 기온이 급격히 변했다고 주장합니다.

대기 성분의 변화

우리는 판의 운동에 의해 화산이 발생하면 분출된 화산 가스가 지구의 온도에 변화를 일으킬 수 있다는 것을 배웠습니다. 그렇다면 화산은 왜 폭발할까요? 물론 지열 발전을 위해 지하에 물을 주입함으로써 지진 활동이 촉발된 사례[16]도 있지만, 대규모 지진과 화산 폭발은 대체로 판의 이동에 따라 자연적으로 발생합니다. 대규모 화산이 폭발하면 화산 가스에 포함된 수증기와 이산화 탄소는 온실 기체로 작용하여 지구의 온도를 상승시킵니다. 참고로 온실 효과의 과학적 원리는 7장 〈온실 효과의 실체〉에서 자세히 다룰 예정입니다. 반면, 화산재는 태양 복사 에너지를 차단하여 지구의 기온을 낮출 수도 있습니다. 이러한 현상을 우산 효과라고 부릅니다.

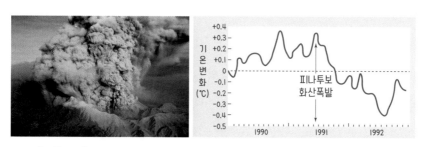

[그림 5-6] 피나투보 화산의 폭발과 기온 변화 (자료: Ahrens and Henson (2021))

---

16 대표적인 촉발 지진의 사례는 2017년 11월 포항에서 발생한 규모 5.4의 지진이다.

1991년 필리핀 루손 섬에서 폭발했던 피나투보 화산의 예를 살펴보겠습니다. [그림 5-6]에서 볼 수 있듯이 피나투보 화산이 폭발했을 당시 많은 화산재가 대기 중으로 방출되었습니다. 이 화산재는 마치 먼지처럼 태양 복사 에너지를 반사시키는 반사체로 작용합니다. 실제 기온 변동을 살펴보면, 1991년 이전까지 다양한 원인으로 인해 기후가 변동하다가 화산이 폭발한 후 얼마 지나지 않아 지구 평균 기온이 약 0.5°C 정도 하락했습니다.

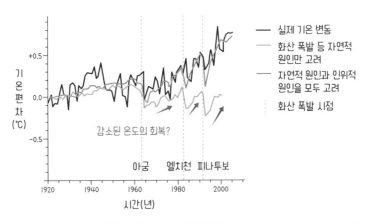

[그림 5-7] 주요 화산 폭발 시점과 지구 기온 변동 (자료: Hegerl and Zweirs (2011))

다른 대규모 화산 폭발 사례들도 살펴보겠습니다. [그림 5-7]은 주요 화산 폭발 시점과 세 가지 유형의 지구 기온 변동을 보여줍니다. 검은 선은 실제 관측된 기온 변동을 나타내며, 파란 선은 화산 폭발 등 자연적인 요인만을 고려한 경우를, 빨간 선은 자연적 요인과 인위적 요인을 모두 고려한 경우를 나타냅니다. 기후 변화 연구에서 이러한 방식으로 그린 그래프는 매우 유명합니다. 이는 2021년 노벨 물리학상을 받은 클라우스 하셀만(Klaus F. Hasselmann, 1931~) 박사가 제안한 기후 지문(climate fingerprint) 기법을 사용하여 기후 변동에서 자연적인 원인과 인위적인 원인을 구분해낸 결과입니다.

화산 폭발의 자연적 원인만을 고려했을 때, 1963년 인도네시아 발리의 아궁 화산과 1982년 멕시코의 엘치천 화산 폭발로 인해 온도가 내려간 것을 명확히 확인할 수 있습니다. 하지만 화산 폭발로 인해 내려갔던 지구의 기온은 그대로 유지되지 않습니다. 그래프를 살펴보면, 일시적으로 온도가 떨어졌다가 다시 상승하는 것을 볼 수 있습니다. 즉, 지구의 기온은 원래 상태로 회복하는 모습을 보여줍니다. 이에는 다음 장에서 배울 피드백 이론과 함께, 흥미로운 과학적 원리들이 숨겨져 있습니다.

확인 문제

1. 현재 지구 자전축의 경사각은 증가하고 있다. (O, X)

2. 현재 지구 공전 궤도는 더욱 원에 가까워지고 있다. (O, X)

3. 앞으로 약 13,000년 후 북반구가 여름일 때 지구는 근일점에 위치할 것이다.
   (O, X)

4. 거대한 화산이 폭발하면 지구 평균 기온은 올라간다. (O, X)

5. 지구 내부의 연약권 위에 떠 있는 암석권의 조각을 의미하는 지질학 용어는?

6. 약 2억 년 전에 존재했던 거대한 바다를 지칭하는 용어는?

정답
1. X 2. O 3. O 4. X 5. 판 6. 판탈라사

6

지구의 안전장치,
피드백 이론

피드백이란?

기후 변동의 원인을 과학적으로 이해하기 위해 피드백(feedback) 이론을 공부하는 것은 매우 중요합니다. 앞에서 공부한 태양 복사 에너지의 입사량 변화, 해양 순환의 변화, 대규모 화산 폭발 등은 모두 기후에 영향을 미치는 요인들입니다. 기후 변화 연구자들은 이러한 요인들을 '강제력(forcing)'이라고 표현합니다. 이러한 강제력이 가해지면 지구의 기후는 달라집니다. 달라진 지구의 상태가 원래 상태로부터 계속 멀어질 것인지, 아니면 다시 원래 상태로 돌아올 것인지를 결정하는 과정을 우리는 피드백 이론(되먹임 고리)으로 설명할 수 있습니다.

피드백은 '결과가 원인으로 되돌아가 원래 결과에 영향을 주는 일련의 과정'으로 정의됩니다. 이것은 기후 변화 연구뿐만 아니라 사회과학, 경제학 등 다양한 분야에서도 범용적으로 활용되는 기본 개념입니다.

양의 피드백 vs 음의 피드백

피드백은 크게 양의 피드백(positive feedback)과 음의 피드백(negative feedback)으로 나눌 수 있습니다. 양의 피드백은 초기 변화를 점점 증폭시키는 방향으로 작용하는 과정입니다. 반면, 음의 피드백은 초기 반응에 대한 결과를 상쇄시키거나 줄여주는 방향으로 작용하는 과정입니다.

[그림 6-1] 피드백 과정의 예(사탕과 아이의 울음)

　[그림 6-1]과 같이 엄마가 아이와 함께 할인점에서 물건을 사는 상황을 생각해봅시다. 아이가 사탕을 먹고 싶어서 울고 있습니다. 엄마가 아이에게 사탕을 주었더니 아이가 울음을 그치게 됩니다. 이는 사탕을 주는 과정이 아이의 울음을 진정시켜주는, 즉 음의 피드백 역할을 한 것입니다. 그런데 우는 아이에게 계속 사탕을 주었더니 아이는 '더 크게 울면 더 많은 사탕을 받게 되겠네'라는 생각으로 점점 더 크게 울 수도 있습니다. 이 경우, 사탕을 주는 행위가 아이의 울음을 더욱 증폭시키는 결과를 초래하게 됩니다. 이것이 양의 피드백의 예가 될 수 있습니다.

　한 가지 사례를 더 설명해보겠습니다. [그림 6-2]와 같이 운동을 하면 몸에서 열이 발생합니다. 그러면 우리 몸은 땀을 배출하여 땀이 증발하는 과정을 통해 체온을 낮추는 음의 피드백 과정을 구동합니다. 그러나 운동을 하면 우리 몸에서는 운동 호르몬도 분비됩니다. 이 호르몬은 신경을 자극해 운동의 효과를 지속시키거나 강화하여 체온을 더 오르게 하는 양의 피드백으로 작용합니다. 즉, 우리 몸은 같은 상황에서도 양의 피드백과 음의 피드백이 공존하게 됩니다.

[그림 6-2] 피드백 과정의 예(운동과 체온 조절)

기후 변화 피드백

기후 변화에서도 지구 시스템을 구성하는 대기권, 수권, 암석권, 생물권, 빙권 등이 복잡하게 상호 작용하면서 다양한 피드백 과정이 나타납니다. 여기서는 기후 변동 피드백의 몇 가지 간단한 예를 소개하겠습니다.

① 기온 상승(+) → 증발량 증가 → 수증기량 증가 → 적외선 복사 에너지 흡수 증가 → 온실 효과 강화 → 기온 상승(+)

우선, ① 지구의 기온이 상승한 경우를 생각해보겠습니다. 기온이 상승하면 해수의 증발이 활발해져 대기 중의 수증기량이 많아집니다.

7장 〈온실 효과의 실체〉에서 자세히 배우겠지만, 수증기는 대표적인 온실 기체입니다. 즉, 지구에서 방출하는 적외선 복사 에너지가 수증기에 의해 흡수되어 지구의 기온이 오르게 됩니다. 이것이 온실 효과의 기본 원리입니다. 증발로 대기 중에 추가된 수증기로 인해 온실 효과가 강화되면 지구의 기온은 다시 상승합니다. 기온이 상승하면 해수의 증발이 더욱 활발해집니다. 이에 따라 수증기량이 많아지고 온실 효과가 더욱 강화되어 기온이 다시 상승하는 양의 피드백 과정이 무한히 반복됩니다.

그러면 지구는 큰일이 난 것처럼 보입니다. 기온이 한번 상승하면 위에서 설명한 수증기에 의한 양의 피드백 과정이 발생하기 때문입니다. 그러나 수증기의 피드백에는 양의 피드백 과정만 있는 것이 아닙니다. 기온 상승이라는 지구의 변화를 진정시키고 평형 상태를 유지하려고 하는 음의 피드백 과정도 존재합니다.

② 기온 상승(+) → 증발량 증가 → 수증기량 증가 → 구름 생성 증가 → 태양 복사 에너지 반사율 증가 → 기온 하강(-)

② 기온 상승으로 인해 대기 중 수증기가 많아지면 구름도 많이 형성됩니다. 구름의 상층면은 태양 복사 에너지를 반사하는 역할을 합니다. 따라서 구름이 많아지면 태양 복사 에너지의 반사율이 증가하여 지구의 기온이 하강하게 되고, 초기의 기온 상승 효과를 억제할 수 있습니다.

하지만 기온 상승으로 인해 지구의 반사율이 오히려 감소하는 경우도 있습니다.

③ 기온 상승(+) → 눈과 얼음 녹음 → 지표면 유출 → 태양 복사 에너지 반사율 감소 → 기온 상승(+)

③ 기온이 상승하면 태양 복사 에너지를 많이 반사하던 눈과 얼음이 녹게 됩니다. 그러면 눈과 얼음 대신 흡수율이 높은 지표면이 드러나면서 태양 복사 에너지의 반사율이 감소하고, 그 결과 지구의 기온은 더욱 높아집니다. 높아진 기온은 눈과 얼음을 더 많이 녹이며, 이는 지표면을 더 빠르게 드러나게 해 기온이 계속 올라가는 양의 피드백 과정을 반복하게 됩니다.

④ 기온 상승(+) → 해양의 이산화 탄소 흡수 감소 → 대기 중 이산화 탄소 증가 → 온실 효과 강화 → 기온 상승(+)

생물권과 상호 작용하는 피드백 과정에 대해서도 생각해보겠습니다. ④ 기온이 상승하면 바닷물의 온도도 높아집니다. 해양에는 이산화 탄소가 많이 녹아 있는데, 이산화 탄소는 수온이 낮을 때 더 많이 녹을 수 있습니다. 예를 들어, 톡 쏘는 맛이 나는 시원한 탄산음료를 떠올려보세요. 차갑지 않은 탄산음료를 마시면 이 톡 쏘는 맛이 크지 않은데, 그 이유는 온도가 높아지면서 음료에 녹아 있던 탄산이 대기 중으로 방출되었기 때문입니다.

그러므로 기온이 상승하면 해양의 이산화 탄소 흡수 능력이 감소합니다. 이에 따라 대기 중 이산화 탄소, 즉 온실 기체의 농도가 증가하게 됩니다. 온실 기체가 증가하면 지구 온난화가 심해져 다시 기온이 상승하게 됩니다. 이것이 양의 피드백 과정입니다. 그러나 동일한 대기 중 이산화 탄소 증가 과정에는 음의 피드백도 존재합니다.

⑤ 기온 상승(+) → 해양의 이산화 탄소 흡수 감소 → 대기 중 이산화 탄소 증가→
식물 성장 촉진 → 광합성 증가 → 대기 중 이산화 탄소 감소 → 기온 하강(-)

⑤ 대기 중 이산화 탄소가 많아지면 식물이 잘 자랄 수 있습니다. 왜냐하면 기온이 오르면 잎이 큰 활엽수들의 생장이 유리해지기 때문입니다. 이에 따라 광합성도 활발해지고, 광합성 과정에서 이산화 탄소가 소모되기 때문에 대기 중의 이산화 탄소 농도가 감소하게 됩니다. 결국, 이는 기온 하강 효과를 가져올 수 있습니다. 즉, 식물의 광합성은 지구 온난화를 둔화시키는 음의 피드백 과정에서 매우 중요한 역할을 합니다.

피드백 정량화

지금까지 기후 변화와 관련된 몇 가지 피드백 과정을 배웠습니다. 지구 온난화로 인해 해수의 온도가 높아지는 경우를 정리해보겠습니다. 해양 온도가 증가하면 대기 중의 수증기량과 이산화 탄소 농도가 모두 증가합니다. ① 추가된 수증기는 온실 기체로 작용하여 지구 온난화를 가속할 수 있습니다. ② 추가된 수증기는 구름을 더 많이 생성하여 지구 반사율을 높여 지구 온난화를 감속할 수도 있습니다.

비슷한 원리로 이산화 탄소 농도가 높아지면 다음과 같은 효과가 나타날 수 있습니다. ③ 이산화 탄소는 온실 기체로 작용하여 지구 온

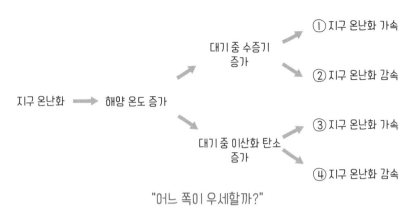

대기 중 수증기 증가 → ① 지구 온난화 가속

대기 중 수증기 증가 → ② 지구 온난화 감속

지구 온난화 → 해양 온도 증가

대기 중 이산화 탄소 증가 → ③ 지구 온난화 가속

대기 중 이산화 탄소 증가 → ④ 지구 온난화 감속

"어느 쪽이 우세할까?"

[그림 6-3] 해양 온도 증가에 따른 다양한 양의 피드백과 음의 피드백

난화를 가속할 수 있습니다. ④ 이산화 탄소는 식물의 광합성을 촉진해 지구 온난화를 감속할 수 있습니다.

여기서 우리는 매우 중요한 사실을 생각해봐야 합니다. 만약 지구 온난화를 가속하는 양의 피드백이 음의 피드백보다 크면 어떻게 될까요? 당연히 지구 온도는 계속 오르게 됩니다. 반대로 음의 피드백이 양의 피드백보다 크면 지구 온난화는 완화되어 원래의 정상 상태로 유지될 수 있습니다. 그렇다면 어느 쪽이 얼마나 우세할까요? 이 질문에 대한 답은 복잡하며, 여러 과학자들이 연구하고 있는 주제이기도 합니다. 현재의 연구 결과에 따르면, 지구 온난화를 가속화하는 양의 피드백 과정이 상당히 강력하다는 것이 확인되고 있으나, 음의 피드백 과정도 무시할 수 없습니다. 다행히 지구는 마치 살아 있는 생명체와 같아서 스스로의 몸을 돌보고 원래 상태로 되돌아가려는 음의 피드백 과정들이 존재합니다. 이어서 지구의 음의 피드백과 관련된 대표적인 이론을 공부하겠습니다.

가이아 이론

지구의 음의 피드백 과정과 관련된 가이아(gaia) 이론에 대해 살펴보겠습니다. 가이아 이론은 지구를 환경과 생물로 구성된 하나의 유기체, 즉 스스로 상태를 조절하는 생명체로 보는 이론입니다. 이 이론은 1978년 영국의 제임스 러브록(James E. Lovelock, 1919~2022) 박사가 저서『지구상의 생명을 보는 새로운 관점』에서 소개했습니다.

[그림 6-4] 가이아 이론을 창시한 제임스 러브록

가이아는 그리스 로마 신화에 나오는 대지의 신의 이름으로, 우리가 밟고 있는 땅, 즉 지구를 상징합니다. 가이아 이론에는 세 가지 주요 키워드가 있습니다. 첫 번째 키워드는 '자기 조절 능력'입니다. 지구상의 모든 생명체는 외부 환경으로부터 에너지를 섭취하여 자기 생존에 맞게 조절하는 능력을 지니고 있습니다. 이는 생물권뿐만 아니라 기권, 지권, 수권, 빙권에도 해당하는 내용입니다. 두 번째 키워드는 '살아 있는 지구'입니다. 이 키워드는 지구를 단순히 땅, 공기, 물로 구성된 무생물 집합체가 아니라, 끊임없이 진화하고 생물권과 공존하는 생명체로 보는 관점을 제시합니다. 마지막 키워드는 '항상성(恒常性, homeostasis)'입니다. 항상성은 내부 환경을 안정적이고 일정하게 유지하려는 특성으로, 우리가 학습했던 음의 피드백 과정을 통해 달성됩니다.

사실, 가이아 이론의 세 가지 키워드는 모두 동일한 의미를 담고 있습니다. '지구는 자기 조절 능력이 있는 살아 있는 유기체로, 다양한 음의 피드백 과정을 통해 항상성을 유지하고 있다'는 것이 가이아 이론의 핵심입니다. [그림 6-2]의 운동과 체온 조절의 예를 다시 생각해 보겠습니다. 체온이 오르면, 우리 몸은 체온을 낮추기 위해 땀을 배출합니다. 마찬가지로, 지구도 온도가 오르면 이를 낮추기 위한 음의 피드백 과정을 작동시킵니다. 그러나 우리 몸이 심각한 독감에 걸리거나 염증 수치가 높아지면 체온을 쉽게 낮추기 어렵듯이, 지구도 항상성을 유지하기 위해 수많은 음의 피드백 과정을 가동하지만, 그 내재적 자정 작용의 한계를 넘어서는 경우 심각한 문제를 겪을 수 있습니다.

피드백 과정의 증폭 및 불균형

이번에는 여러 가지 피드백이 복합적으로 작용하는 과정을 통해, 양의 피드백과 음의 피드백의 조화가 깨질 수 있는 경우를 살펴보겠습니다.

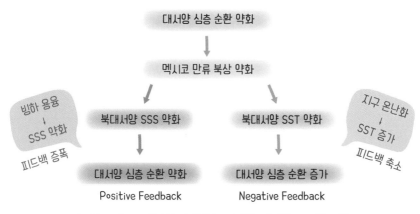

대서양 심층 순환 약화

↓

멕시코 만류 북상 약화

빙하 용융
↓
SSS 약화

피드백 증폭

북대서양 SSS 약화

↓

대서양 심층 순환 약화

Positive Feedback

북대서양 SST 약화

↓

대서양 심층 순환 증가

Negative Feedback

지구 온난화
↓
SST 증가

피드백 축소

[그림 6-5] 대서양 심층 순환 약화에 관한 기후 변화 피드백 과정

앞서 4장의 '영거 드라이아스와 컨베이어 벨트 순환'에서 심층 순환과 표층 순환의 관계를 공부했습니다. 이와 관련해 대서양의 심층 순환이 약화한 현상을 자세히 분석해보겠습니다. 심층 순환이 약화하면 침강류가 약해지고, 컨베이어 벨트 시스템으로 연결된 표층의 따뜻한 해류의 북상도 약화합니다. 이것이 과거 영거 드라이아스기를 만든 이유라는 점을 우리는 이미 알고 있습니다.

여기서 표층의 따뜻한 해류는 멕시코 만류(Gulf Stream)입니다. 멕시코 만류의 북상 약화는 두 가지 측면에서 큰 영향을 줍니다. 첫째, 북대서양의 SSS(Sea Surface Salinity, 표층 염분) 약화입니다. 멕시코 만류는 따뜻하고 염분이 높은 해류로 유명합니다. 따라서 멕시코 만류의 북상 약화는 대서양의 염분이 평소보다 낮아진다는 뜻입니다. 둘째, SST(Sea Surface Temperature, 표층 수온)의 약화입니다. 멕시코 만류는 따뜻한 난류이므로, 그 북상이 약화하면 북대서양의 표층 수온이 낮아진다는 의미입니다.

해수의 염분 감소는 무엇을 의미할까요? 염분은 순수한 물에 포함된 총 염류의 양을 의미합니다. 염분이 낮다는 것은 염류의 양이 적어 해수의 밀도가 낮다는 뜻입니다. 북대서양의 염분이 낮아지면, 해수의 밀도가 낮아져 침강류 형성이 약화됩니다. 이는 대서양 심층 순환 약화를 더 가속화하는 양의 피드백으로 작용하게 됩니다. 우리는 영거 드라이아스기가 약 1,000년 정도 유지되었다는 사실을 배웠습니다. 이 기간 동안 양의 피드백 과정을 통해 북대서양의 심층 순환은 지속적으로 약화했을 것입니다.

그러면 심층 순환은 계속 약화될까요? 당연히 아닙니다. 따뜻한 멕시코 만류의 북상이 약해지면 북대서양의 수온이 내려갑니다. 수온이 낮아지면 열수축 효과에 의해 바닷물의 부피가 줄어들어 밀도가 증가하게 됩니다. 북대서양의 밀도 증가는 심층수 형성을 촉진해 초기의 심층수 형성 약화에 반대되는 음의 피드백으로 작용하게 됩니다.

그러므로 해양 심층 순환의 약화 과정에는 양의 피드백과 음의 피드백이 공존합니다. 그런데 과연 어느 쪽이 더 우세할까요? 앞에서 설명한 것처럼 둘의 크기를 정량화하는 것은 쉽지 않지만, 양의 피드백과 음의 피드백이 어느 정도 균형을 유지하고 있습니다. 그러나 이 과정에 인간의 활동이 개입하면 균형이 깨질 가능성이 높습니다.

이제부터 인간 활동이 기후 변화에 미치는 영향을 조금씩 다루어보겠습니다. 인간 활동으로 강화된 온실 효과 때문에 현재 북대서양의 많은 빙하가 녹고 있습니다. 빙하가 녹아 바다로 유입되면 해수의 염분이 낮아지게 됩니다. 이는 북대서양의 심층 순환을 약화시키는 양의 피드백 과정을 증폭시킵니다. 반면, 지구 온난화로 인해 북대서양의 수온이 올라가면 대서양 심층 순환을 원래 상태로 되돌리는 음의 피드백 과정은 축소됩니다.

즉, 지구 온난화가 심해지면 양의 피드백이 음의 피드백보다 커질 수 있습니다. 양의 피드백과 음의 피드백이 조화롭게 유지되던 지구에 인간 활동에 의한 기후 변화라는 인위적인 원인이 추가되면, 시간이 지남에 따라 음의 피드백 과정은 축소되고 양의 피드백 과정은 강화될 수 있습니다. 그 결과, 우리의 후손들은 되돌릴 수 없는 전례 없는 기후 위기 시대를 살아가게 될 것입니다.

1. 다음은 기후 변화 피드백의 예이다. 괄호 안에 알맞은 내용으로 가장 적절한 것은?

> 기온 상승 → 눈과 얼음이 녹음 → 지표면 유출 → (   ) 감소 →
> 태양 복사 에너지 흡수 증가 → 기온 상승

① 알베도   ② 광합성   ③ 온실 효과
④ 온실 기체   ⑤ 판의 이동

2. 다음은 기후 변화 피드백의 예이다. 괄호 안에 알맞은 내용으로 순서대로 올바르게 짝지은 것은?

> 대서양 심층 순환 약화 → (   ) 약화 → 북대서양 표층 염분 (   ) →
> 대서양 심층 순환 약화

① 멕시코 만류, 증가   ② 멕시코 만류, 감소
③ 쿠로시오 해류, 증가   ④ 쿠로시오 해류, 감소

3. 가이아 이론을 주장한 제임스 러브록은 다음과 같이 주장하였다. 빈칸에 공통으로 들어갈 용어는?

> 지구의 (   )을(를) 유지하기 위해 수많은 음의 피드백 과정이 있지만, 지구가
> 내재적 자정 작용의 한계를 넘어서는 경우 이 (   )은(는) 균형을 잃고 만다.

98

ㄱ

온실 효과의 실체

이번 장에서는 기후 변화의 핵심 개념이라고 할 수 있는 온실 효과에 대해 살펴보겠습니다. 온실 효과를 두 문장으로 요약한 영문 표현을 빌리면 다음과 같습니다.

"The greenhouse effect is a naturally occurring phenomenon on Earth as it is on Venus. The enhancement of this effect by increasing greenhouse gases associated with man-made activities (anthropogenic forcing) is the reason for concern about climate change!"

"온실 효과는 금성에서처럼 지구에서 자연적으로 발생하는 현상이다. 인간의 활동에 의한 온실 기체의 증가로 인해 온실 효과가 강화되는 것이 기후 변화에 대해 염려하는 이유이다!"

온실 효과(greenhouse effect)는 금성(Venus)에서처럼 지구(Earth)에서 자연적으로(naturally) 발생하는 현상입니다. 심지어 인간이 살고 있지 않은 금성에서 온실 효과는 더 크게 발생합니다. 일반인들이 온실 효과에 대해 크게 오해하고 있는 부분은 '온실 효과는 인간에 의해 발생하며 지구에 매우 나쁜 영향을 준다'라는 생각입니다. 이는 과학적으로 명확하게 잘못된 개념입니다.

그러면 왜 이러한 오해가 발생했을까요? 두 번째 문장을 통해 우리는 그 이유를 알 수 있습니다. 여기서 '강화(enhancement)'라는 단어가 중요합니다. 단순히 온실 효과의 발생이 아니라, '인간의 활동(man-made activities)[17]과 관련된 온실 기체(greenhouse gases)의 증

---

17 기후 변화를 연구하는 학자들은 인위적인 강제력(anthropogenic forcing)이라는 표현을 사용한다.

가'로 온실 효과가 강화되는 것이 우리가 기후 변화(climate change)에 대해 염려(concern)하는 이유입니다.

복사 법칙

온실 효과를 정확히 이해하기 위해서는 세 가지 기본적인 복사 법칙을 알아야 합니다. 이 법칙들은 모두 물리학자들의 이름을 따서 '키르히호프(Kirchhoff) 법칙', '빈(Wien) 법칙', '슈테판-볼츠만(Stefan-Boltzmann) 법칙'이라고 불립니다.

이 복사 법칙들을 이해하기 위해 먼저 흑체(black body)에 대해 알아보겠습니다. 흑체란 단어를 그대로 해석하면 '검은색 물체'라는 뜻입니다. 물체가 검은색으로 보이는 이유는 입사된 빛을 반사하지 않

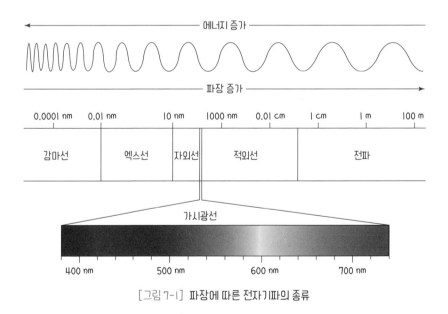

[그림 7-1] 파장에 따른 전자기파의 종류

고 100% 흡수하기 때문입니다. 그렇다면 흑체는 스스로 복사 에너지를 방출하지 않을까요? 온도가 있는 모든 물체는 복사 에너지를 방출합니다. 그렇다면 왜 우리는 흑체가 방출하는 에너지를 볼 수 없는 걸까요?

복사 에너지는 공간을 통해 전파되는 전자기파(electromagnetic wave)의 운동으로 발생하는 전자기 에너지의 일종입니다. 전자기파는 파장이 작은 순서대로 감마선(Gamma rays), 엑스선(X-rays), 자외선(Ultraviolet), 가시광선(Visible light), 적외선(Infrared), 전파(Radio waves)로 구분됩니다. 그중에서 파장이 약 400 nm에서 700 nm 정도인 가시광선만 우리 눈에 보이며, 그 외의 파장은 보이지 않습니다. 다행히도 태양 복사 에너지는 가시광선을 가장 많이 방출합니다. 그러나 지구가 방출하는 복사 에너지는 가시광선보다 파장이 긴 적외선입니다.

우리가 사물을 볼 수 있는 이유는 가시광선이 반사된 빛을 보기 때문입니다. 36.5°C 체온을 유지하는 우리 몸도 복사 에너지를 방출하지만, 이는 적외선 형태이기 때문에 우리 눈에 보이지 않습니다. 적외선은 적외선 센서를 사용해야 확인할 수 있으며, 인공위성이 지구의 온도를 측정할 수 있는 것도 모두 적외선 센서를 이용하기 때문입니다.

이제 본격적으로 첫 번째 복사 법칙인 키르히호프 법칙을 살펴보겠습니다. 키르히호프 법칙은 물체가 복사 에너지를 많이 흡수하면 많이 방출한다는 기본 개념을 포함하고 있습니다.

끊임없이 태양 복사 에너지를 받는 지구의 온도가 일정하게 유지되는 이유는 [그림 7-2]에서 보듯이 유입된 에너지와 방출되는 에너지가 균형을 이루기 때문입니다. 이것이 복사 평형의 기본 원리이며, 7장의

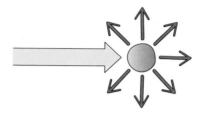

Energy In = Energy Out

[그림 7-2] 태양 복사 에너지의 유입과 지구 복사 에너지의 방출

'복사 평형 온도 구하기'에서는 이를 바탕으로 정량적인 온도도 계산해 볼 것입니다.

만약 유입되는 태양 복사 에너지가 많아지는데 방출되는 지구 복사 에너지는 그대로라면, 지구의 온도는 계속 오를 것입니다. 그러나 유입되는 복사 에너지가 많아질수록 방출되는 복사 에너지도 증가한다는 키르히호프 법칙이 성립하기 때문에, 태양 복사 에너지의 변동에 관계없이 지구는 항상 복사 평형 상태를 유지할 수 있습니다. 반대로, 태양 복사 에너지가 줄어들면 지구가 방출하는 복사 에너지도 줄어들어 지구의 온도는 크게 변하지 않고 유지될 수 있습니다. 6장의 '가이아 이론'에서는 지구가 항상성을 유지하려는 점이 마치 생명체와 같다고 설명했습니다. 이는 기본적으로 키르히호프 복사 법칙으로도 설명 가능합니다.

나머지 복사 법칙인 빈의 법칙과 슈테판-볼츠만 법칙을 이해하기 위해 [그림 7-3]의 플랑크(Planck) 곡선을 살펴보겠습니다.

그래프가 다소 복잡해 보이지만, 천천히 이해해보겠습니다. 일단 플랑크 곡선의 x축은 파장(λ)을 나타내고, y축은 방출하는 복사 에너지(B)의 세기를 나타냅니다. 여기서 파장의 단위로는 μm(마이크로미터)

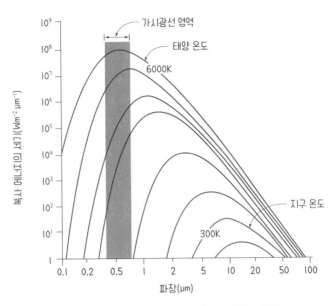

[그림 7-3] 다양한 온도를 가지는 흑체의 플랑크 곡선

를 사용했습니다. 참고로 1 μm는 10^{-6} m로 nm(나노미터)보다 1000배 큰 값입니다. 방출된 복사 에너지는 $Wm^{-2}μm^{-1}$의 단위를 사용합니다. 참고로 Wm^{-2} 단위는 4장에서 배운 태양 상수의 단위와 동일합니다. 즉, 플랑크 곡선의 y축은 어떤 파장에서 단위 면적, 단위 시간에 방출되는 에너지를 의미합니다.

[그림 7-3]에서는 총 여덟 개의 플랑크 곡선이 그려져 있습니다. 이 여덟 개의 곡선은 온도가 서로 다른 흑체를 나타냅니다. 일단 태양 정도의 온도를 가지는 6000 K 그래프를 보겠습니다. 여덟 개 그래프 중 전체 영역이 가장 넓으며, 특히 약 0.5 μm에서 가장 높은 에너지를 방출합니다. 이 파장 대역은 우리 눈으로 확인 가능한 가시광선에 속해 있습니다. 반면, 지구 온도와 비슷한 300 K의 플랑크 곡선의 영역은

온도가 높은 다른 곡선들보다 매우 작습니다. 최대 에너지를 방출하는 파장은 약 $10\,\mu m$ 정도로, 이는 사람의 눈으로는 직접 확인되지 않는 적외선 영역에 해당합니다.

다양한 온도의 플랑크 곡선의 모양을 비교하면, 먼저 각 곡선의 최 댓값을 나타내는 파장은 흑체의 온도가 낮을수록 길어지는 경향을 보입니다. 즉, 최대 복사 에너지를 방출하는 파장(λ_{max})은 물체의 온도 (T)에 반비례함을 의미합니다. 이것이 빈의 법칙입니다. 아래의 식을 사용하여 정확한 최대 파장을 계산할 수 있습니다.

$$\lambda_{max}[\mu m] = \frac{2897}{T[K]}$$

이 식에 따르면 2897을 절대 온도로 나누면 해당 물체의 최대 방출 에너지 파장이 나옵니다. 예를 들어, 태양의 온도가 약 6000 K이고 지구의 온도가 288 K일 때, 각각의 최대 복사 에너지 파장을 계산해보겠습니다. 빈의 법칙을 이용하면, 태양과 지구가 방출하는 최대 복사 에너지 파장이 각각 가시광선(약 $0.48\,\mu m$)과 적외선(약 $10.06\,\mu m$) 영역에 해당한다는 사실을 확인할 수 있습니다.

$$\text{태양: } \frac{2897}{6000\,[K]} = 0.48\,[\mu m]$$

$$\text{지구: } \frac{2897}{288\,[K]} = 10.06\,[\mu m]$$

마지막 복사 법칙으로 스테판-볼츠만 법칙이 있습니다. 이 법칙은 온도에 따라 플랑크 곡선의 전체 면적이 변하는 특성과 관련이 있습니다. 정확히 말하면, 흑체의 단위 면적당 방출하는 복사 에너지(F)는 흑체의 온도가 높을수록 증가하며, 이는 절대 온도의 4제곱에 비례한다는 것입니다.

$$F = \sigma T^4$$

여기서 비례 상수(σ)를 슈테판-볼츠만 상수라고 하며, 그 크기는 5.67×10^{-8} Wm^{-2} K^{-4}입니다.

복사 평형 온도 구하기

슈테판-볼츠만 법칙을 이용하면 지구의 복사 평형 온도를 계산할 수 있습니다. 복사 평형은 지구가 흡수하는 에너지와 방출하는 에너지가 같아서 온도 변화가 더 이상 일어나지 않는 상태를 의미하며, 이 개념은 키르히호프 법칙에서 설명했습니다. 또한 4장에서는 태양 상수에 대해 학습하였고, 관련하여 [그림 4-7]에서는 지구에 도달하는 전체 태양 복사 에너지를 다음과 같이 계산했었습니다.

지구가 받는 총 태양 복사 에너지: $K_s \times (1 - 0.3) \times \pi R_E^2$

여기서 K_s는 지구의 태양 상수이며, 0.3은 지구의 반사율[18], R_E은 지구 반지름에 해당합니다.

---

18 복사 법칙은 100% 흡수하는 흑체를 가정하지만, 좀 더 정확한 지구의 복사 평형 온도를 구하기 위해서 30% 반사율을 적용한다.

지구가 방출하는 총 복사 에너지는 슈테판-볼츠만 법칙에 따라 아래와 같이 계산됩니다.

$$\text{지구가 방출하는 총 태양 복사 에너지: } \sigma T^4 \times 4\pi R_E^2$$

여기서 σ는 슈테판-볼츠만 상수이고, T는 지구의 절대 온도를 나타냅니다. 슈테판-볼츠만 법칙은 단위 면적당 방출되는 복사 에너지양과 온도의 관계를 의미합니다. 구형인 지구는 전체 표면을 통해 복사에너지를 고르게 방출하므로, 지구가 방출하는 총 태양 복사 에너지는 이 식에 전체 지구 표면적인 $4\pi R_E^2$을 곱해주어야 합니다.

지구가 받는 총 태양 복사 에너지양과 방출하는 지구 복사 에너지양이 같다고 할 때, 복사 평형 온도(T)는 아래와 같이 슈테판-볼츠만 상수(σ), 태양 상수(S), 반사율(0.3)을 이용하여 아래와 같이 계산할 수있습니다.

$$K_s \times (1 - 0.3) \times \pi R_E^2 = \sigma T^4 \times 4\pi R_E^2$$

$$\therefore T = \sqrt[4]{\frac{K_s(1-0.3)}{4\sigma}} = \sqrt[4]{\frac{1400 \times 0.7}{4 \times 5.67 \times 10^{-8}}} \simeq 257\ \text{K} = -16°\text{C}$$

이렇게 구해진 지구의 복사 평형 온도는 약 257 K인 $-16°\text{C}$[19]입니다. 즉, 현재 지구의 온도보다 매우 낮게 계산됩니다. 이러한 온도라면 지구는 생물이 살기 적합하지 않고 얼어붙어 있어야 할 것입니다. 과연 어디에서 잘못된 것일까요?

---

19 적용하는 지구 태양 상수, 알베도에 따라 투명한(대기가 없는) 지구의 복사 평형 온도를 252K = $-21°\text{C}$ 정도로 산정하기도 한다.

온실 효과를 고려한 복사 평형

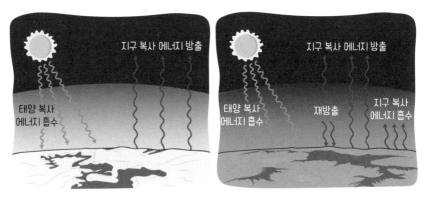

[그림7-4] 온실 효과 고려 유무에 따른 복사 평형 관계

[그림 7-4]는 지구로 들어오는 태양 복사 에너지와 지구에서 방출되는 지구 복사 에너지를 모식화한 것입니다. 태양 복사 에너지는 파장이 상대적으로 짧아 노란색으로, 지구 복사 에너지는 파장이 상대적으로 길어 빨간색으로 표현했습니다. 왼쪽 그림에서 지구는 모두 빙하로 덮여 있습니다. 이는 '복사 평형 온도 구하기'에서 계산한 것처럼 복사 평형 온도가 약 −16℃로 계산되었기 때문입니다.

오른쪽 그림을 자세히 살펴보면, 태양 복사 에너지는 왼쪽 그림과 마찬가지로 지구로 들어옵니다. 그러나 지구 복사 에너지는 일부가 우주로 방출되지 않고 대기 중에 흡수됩니다. 이렇게 흡수된 복사 에너지의 일부는 다시 지표로 방출되며, 이 과정을 통해 지표의 온도는 새로운 복사 평형 온도에 도달할 때까지 상승합니다. 그 결과, 오른쪽 그림에서는 지구가 물과 식물로 덮여 있는 것을 볼 수 있습니다. 이는 생물이 번성할 수 있는 따뜻한 기후가 형성되었음을 의미합니다. 이러한 과정을 수식화하여 정확한 재복사 평형 온도도 계산할 수 있습니다.

온실 기체로 알려진 수증기, 이산화 탄소, 메탄 등은 대기 중에서 지구 복사 에너지에 해당하는 적외선을 흡수하는 성질을 가지고 있습니다. 이러한 성질을 온실 기체의 '선택적 흡수(selective absorption)'라고 합니다. 이 과정을 통해 지구의 복사 평형 온도가 상승하게 되며, 이를 온실 효과라고 합니다.

그렇다면 온실 효과는 우리 지구에 고마운 존재일까요, 아니면 불편한 존재일까요? 확실히 온실 효과는 고마운 존재입니다. 만약 온실 효과가 없었다면, 지구는 약 −16°C로 꽁꽁 얼어붙었을 것이기 때문입니다.

[표 7-1] 금성, 지구, 화성의 복사 평형 온도

	반사율	태양 상수, 반사율만 고려한 복사 평형 온도	온실 효과를 추가로 고려한 복사 평형 온도	대기 중 이산화 탄소 농도
금성	70%	~244 K	~700 K	높음
지구	30%	~252 K	~288 K	중간
화성	17%	~216 K	~230 K	낮음

앞에서 온실 효과는 금성에서도 발생하는 자연적인 현상이라고 설명했습니다. [표 7-1]에서는 금성, 지구, 화성의 복사 평형 온도를 비교했습니다. 각 행성의 태양 상수와 반사율만을 고려했을 때, 이들의 복사 평형 온도는 216~252 K 범위로 거의 비슷하게 계산됩니다. 태양과 가까운 금성은 지구보다 태양 상수가 크지만 반사율이 높아 실제

입사되는 태양 복사 에너지가 지구와 비슷합니다. 태양에서 멀리 떨어진 화성은 태양 상수가 지구보다 작지만 반사율도 낮아 실제 입사되는 태양 복사 에너지가 지구와 비슷합니다.

그러나 각 행성의 대기 중 이산화 탄소 농도에는 매우 큰 차이가 있습니다. 금성은 지구보다 훨씬 많은 이산화 탄소를 가지고 있어 온실 효과가 크게 일어나 실제 온도는 700 K에 육박합니다. 반면, 화성의 대기에는 아주 적은 양의 이산화 탄소만 있어 온실 효과가 매우 미미함을 확인할 수 있습니다.

즉, 행성의 복사 평형 온도는 대기를 구성하는 온실 기체의 농도에 따라 크게 달라집니다. 다시 한 번 강조하자면, 지구는 대기 중에 적당한 양의 이산화 탄소가 존재하기 때문에 적정한 기후를 유지하여 생명체가 번성할 수 있었습니다. 지구는 매우 축복받은 행성입니다.

대기 성분을 고려한 플랑크 곡선

이번에는 지구의 대기를 고려한 현실적인 조건에서 플랑크 곡선에 대해 알아보겠습니다.

[그림 7-5]에서 빨간색으로 표시된 플랑크 곡선의 영역은 실제로 지구 표면에 도달하는 태양 복사 에너지를 나타냅니다. 오른쪽의 파란색 영역은 우주로 방출되는 지구 복사 에너지의 세기를 나타냅니다.

앞에서 우리는 슈테판-볼츠만 법칙에 의해 총 복사 에너지의 크기가 절대 온도의 4제곱에 비례한다는 것을 배웠습니다. 따라서 실제로 빨간색 곡선이 파란색 곡선보다 훨씬 커야 하지만, 이 그림에서는 대기의 효과를 자세히 비교하기 위해 크기를 고려하지 않고 표현했습니다.

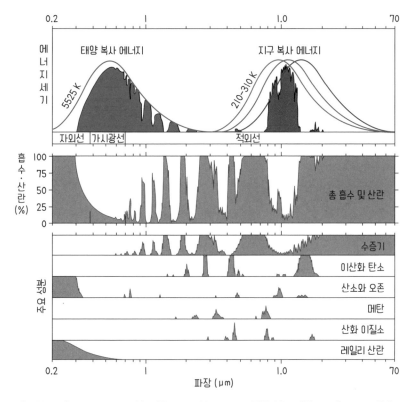

0.2   l   1.0   70

에너지세기

태양 복사 에너지   지구 복사 에너지

5525 K   210~310 K

자외선 | 가시광선   적외선

흡수·산란 (%)   100 75 50 25 0

총 흡수 및 산란

수증기

이산화 탄소

산소와 오존

메탄

산화 이질소

레일리 산란

주요

0.2   l   1.0   70

파장 (μm)

[그림 7-5] 지구 대기에 의한 태양과 지구 복사 에너지 전달 (출처: 『알기 쉬운 대기과학』)

우선 빨간색 영역을 살펴보면, 부드러운 곡선이 아닌 울퉁불퉁한 형태를 띠고 있음을 알 수 있습니다. 이상적인 부드러운 곡선과 달리 이렇게 나타나는 이유는 지구 대기층에서 특정 파장대의 태양 복사 에너지가 통과되지 못하고 흡수되거나 산란되기 때문입니다. 통과되지 못하는 양은 두 번째 그래프에서 확인할 수 있습니다. 약 $0.3\,\mu m$ 이하의 단파와 $15\,\mu m$ 이상의 장파는 대기에 의해 모두 흡수되거나 산란됩니다. 주로 가시광선 영역과 적외선의 일부 파장 영역을 제외하고는 상당히 많은 복사 에너지가 대기에 의해 흡수되거나 산란됩니다. 그렇다면 어떤 기체들이 이러한 영향을 미칠까요? 바로 수증기, 이산화 탄소, 산소와 오존, 메탄, 산화 이질소 등이며, 이들의 파장에 따른 기여율은 그래프에 순차적으로 표시되어 있습니다.

수증기는 상당량의 적외선 복사 에너지를 흡수합니다. 우리가 잘 알고 있는 이산화 탄소는 약 $10\sim20\,\mu m$ 사이의 특정 적외선 파장대만 선택적으로 흡수합니다. $0.3\,\mu m$ 이하의 자외선은 주로 산소와 오존에 의해 100% 흡수되는 것을 알 수 있습니다. '오존층'에 대해 많이 들어 보셨을 겁니다. 우리가 외출할 때 선블록(Sun block)을 바르는 이유는 무엇일까요? 바로 몸에 해로운 자외선을 차단하기 위해서입니다. 오존의 성질 및 역할에 대해서는 10장 〈오존층 파괴〉에서 자세히 공부할 예정입니다. 다행히 지구에는 오존층이 존재하여 태양으로부터 도달하는 유해한 자외선의 대부분을 차단해주고 있습니다. 비교적 소량이지만 메탄과 산화질소의 흡수량 등도 표시되어 있습니다.

정리하면, 태양 복사 에너지 중 파장이 짧은 자외선은 오존과 산소에 의해 흡수되고, 지구 복사 에너지 중 파장이 긴 적외선은 수증기와 이산화 탄소 등에 의해 흡수됩니다. 가시광선은 대기에 거의 흡수되지 않고 지표까지 도달합니다. 약 $8\sim13\,\mu m$ 파장대에 해당하는 지구 복사 에너지는 대부분 직접 우주 공간으로 빠져나갈 수 있는데, 이 영역을 '대기의 창'이라고 합니다. 이는 이 창문을 통해 지구 밖에 있는 인공위성이 적외선 카메라를 이용하여 지구의 온도를 관찰할 수 있기 때문입니다.

이 그림을 통해 수증기가 이산화 탄소보다 지구 복사 에너지를 더 많이 흡수하는 것을 알 수 있습니다. 그런데도 온실 기체로 악명이 높은 것은 수증기보다는 이산화 탄소입니다. 왜 그럴까요?

수증기의 시공간적인 분포는 너무 광범위해서 인간이 그 양을 조절하기란 불가능합니다. 계절에 따라 강수량과 증발량이 달라지며, 수증기(물)를 다량 포함한 구름은 바람을 따라 어디든 이동할 수 있기 때문입니다. 또한, 대기 중 수증기의 양은 기온에 따라 자연스럽게 조절되며, 수증기는 비교적 짧은 시간 동안 대기 중에 머물다가 비나 눈으로 지표에 다시 내려옵니다. 반면, 이산화 탄소는 대기 중에 오래 머물며, 수십 년에서 수백 년 동안 축적될 수 있습니다. 이러한 이산화 탄소는 주로 화석 연료의 연소, 산림 파괴 등 인간 활동에 의해 직접적으로 배출되기 때문에 우리의 노력으로 조절이 가능합니다. 이러한 다양한 이유로 우리 사회는 수증기보다는 이산화 탄소를 대표적인 온실 기체로 강조하게 된 것입니다.

온실 기체

대기를 구성하는 다양한 성분 중 지구 복사 에너지를 선택적으로 흡수하는 대표적인 온실 기체의 대기 중 농도는 [표 7-2]와 같습니다.

[표 7-2] 대표적인 온실 기체의 대기 중 농도(ppm) (2000년 기준)

온실 기체	농도
수증기	0.1~40,000 ppm
이산화 탄소	370 ppm
메탄	1.7 ppm (1700ppb)
산화 이질소	0.3 ppm (300ppb)

여기서 농도의 단위인 ppm(part per million)은 해당 온실 기체의 양이 전체 대기 중 백만 분의 얼마인지를 나타냅니다. 참고로 ppb(part per billion)는 일억 분의 일로, ppm보다 1000배 낮은 수치입니다.

수증기는 바로 앞에서 설명한 것처럼 시공간적인 변화가 매우 커 일정한 농도를 특정하기 어렵습니다. 2000년 기준으로 이산화 탄소 농도는 약 370 ppm 정도를 기록했습니다. 메탄, 산화 이질소, 오존, 프레온 가스로 알려진 염화플루오린화탄소 등도 소량 포함되어 있는데, 실제로 온실 효과에 기여하는 기체들입니다.

7장의 서두에서 온실 효과가 강화되고 있음을 강조했습니다. 이는 온실 효과를 일으키는 기체들의 농도가 높아졌음을 의미합니다. 그렇다면 과거부터 현재까지 온실 기체들의 농도는 얼마나 변화해왔을까요? 또한 미래에는 어떻게 될까요? 다음 장에서 알아보겠습니다.

 **확인 문제**

1. 행성의 복사 평형 온도를 구하기 위해 꼭 필요한 요소가 <u>아닌</u> 것은?

① 태양 상수   ② 행성 반지름

③ 알베도   ④ 슈테판 볼츠만 상수

⑤ 온실 기체 농도

2. 제시된 상수들을 적용하여 이 행성의 복사 평형 온도(K)를 계산하시오.

> • 이 행성의 태양 상수: 100 Wm^{-2}
>
> • 이 행성의 반사율: 80%
>
> • 슈테판 볼츠만 상수: 5×10^{-8} Wm^{-2}K^{-4}

3. 다음 중 옳은 설명을 <u>모두</u> 고르시오.

① 감마선은 엑스선보다 파장이 더 짧다.

② 최대 복사를 방출하는 파장은 온도가 높을수록 짧다.

③ 태양의 최대 방출 파장은 적외선 영역에 집중되어 있다.

④ 흑체의 단위 면적당 복사 에너지는 절대 온도의 제곱에 비례한다.

⑤ 인간이 살고 있지 않은 행성에서는 온실 효과가 발생하지 않는다.

⑥ 플랑크 곡선은 온실 기체 농도에 따른 복사 에너지의 세기를 나타낸 함수이다.

 1. ②   2. 100K   3. ①, ②

8

지구 온난화

온실 기체 농도 변화

앞에서 우리는 온실 효과 자체는 지구에 이로운 자연 현상이지만, 온실 효과의 강화는 우려해야 하는 부분임을 배웠습니다. 이제 온실 기체의 농도 변화를 통해 온실 효과가 얼마나 강화되었는지 살펴보겠습니다.

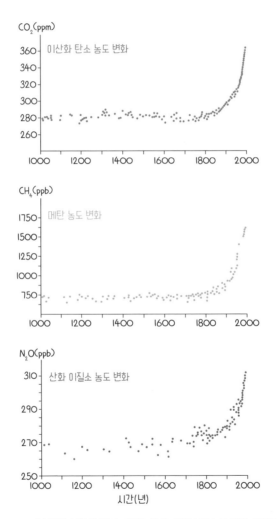

[그림 8-1] 1000~2000년 동안 이산화 탄소, 메탄, 산화 이질소의 농도 변화 (자료: IPCC (2007))

[그림 8-1]에서 보듯이, 18세기 중반부터 시작된 산업화로 인해 온실 기체의 농도는 급격히 증가했습니다. 이산화 탄소의 농도는 평균 280 ppm에서 2000년에는 360 ppm까지 증가했습니다. 메탄의 농도도 약 750 ppb에서 1700 ppb로, 산화 이질소의 농도 역시 약 270 ppb에서 310 ppb로 증가했습니다. 7장의 [표 7-2]에서 소개된 값은 이미 산업화 이전과 비교했을 때 큰 폭으로 상승한 수치입니다.

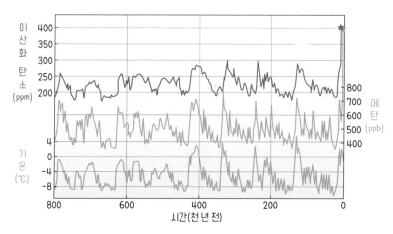

[그림 8-2] 80만 년 전부터 현재까지 이산화 탄소, 메탄 농도 및 평균 기온 편차 변화

(자료: IPCC (2007))

[그림 8-2]는 조금 더 과거인 80만 년 전부터 현재까지의 이산화 탄소, 메탄 농도와 동일 기간 중의 전 지구 평균 기온의 변화를 나타내고 있습니다. 지구의 이산화 탄소 및 메탄의 농도는 자연적인 원인에 의해 지속적으로 변합니다. 이에 따라 온실 효과의 강화와 약화도 같이 발생하기 때문에 지구의 기온도 계속 달라집니다. 이러한 지구의 과거 기후 변동은 기후 대리 자료를 이용해서 복원된다는 사실을 이미

3장에서 배웠습니다.

그럼 이 자료를 통해 과거 지구의 기후 변동 범위를 산정해보겠습니다. 이산화 탄소 농도 변동 범위는 약 200~300 ppm, 메탄은 400~700 ppb 사이였습니다. 그러나 [표 7-2]와 [그림 8-2]에서 확인할 수 있듯이, 21세기가 시작된 지금의 농도는 이 자연 변동의 범위를 초과했습니다. 이에 따라 지구의 기온도 자연 변동의 범위를 넘어 상승하고 있습니다. 이처럼 1970년 이후로 지구의 기온이 장기적으로 상승하고 있는 현상을 '지구 온난화(global warming)'라고 정의합니다.

킬링 곡선

대표적인 온실 기체인 이산화 탄소 농도의 변화를 나타낸 그래프로는 킬링 곡선(Keeling curve)이 있습니다. 이 그래프의 이름은 찰스 데이비드 킬링(Charles David Keeling, 1928~2005) 박사의 이름을 따서 지어졌습니다. 일부 사람들은 이산화 탄소 농도 증가로 인해 생물들이 멸종할 수 있다는 경고의 의미를 담아 킬링 곡선을 'killing curve'라고 부르자고 제안하기도 합니다.

킬링 박사는 하와이 마우나로아(Mauna Loa) 관측소에서 대기 중 이산화 탄소 농도의 변동을 관측하고 관련 연구를 수행했습니다. 2005년에 세상을 떠났지만, 박사의 업적을 기리기 위해 현재까지 같은 장소에서 관측을 지속하고 있으며, 이 곡선은 계속 업데이트되고 있습니다. 이를 통해 지구 온난화의 경향 또한 지속적으로 모니터링되고 있습니다.

[그림 8-3] 온실 기체 농도 변화를 분석하고 있는 킬링 박사 (출처: https://keelingcurve.ucsd.edu)

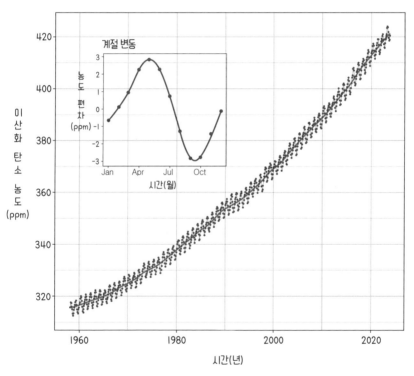

[그림 8-4] 1958년부터 2023년까지의 월 평균 이산화 탄소 농도 변화

(자료: UCSD, GML/NOAA)

[그림 8-4]는 1958년부터 2023년까지의 마우나로아 이산화 탄소 농도 변화를 나타낸 킬링 곡선의 일부입니다. 1958년에 이산화 탄소 농도는 약 310 ppm이었고, 2023년에는 420 ppm을 넘어섰습니다. 이산화 탄소 농도는 여름철 식물의 광합성 증가와 겨울철 화석 연료 사용으로 뚜렷한 계절 변동 양상을 보입니다. 그러나 장기적으로는 그 농도가 꾸준히 증가하고 있습니다. 이러한 장기 변화를 나타내는 것이 [그림 8-4]의 파란색 실선 그래프입니다. 파란색 그래프는 어떻게 만든다고 했나요? 4장의 '이동 평균' 부분을 확인해보시기 바랍니다.

최근의 이산화 탄소 농도를 알아보려면 미국 샌디에이고 캘리포니아 대학교와 스크립스 해양연구소가 함께 운영하는 홈페이지(https://keelingcurve.ucsd.edu/)에서 정보를 참고하시기 바랍니다. 이 사이트에서 마우나로아 관측소가 제공하는 실시간 이산화 탄소 농도 변화를 확인할 수 있습니다. 이미 오래전부터 학자들은 전 지구 평균 이산화 탄소 농도가 400 ppm 이상이 되면 지구가 위험에 처할 것이라고 경고해왔습니다. 그러나 현재 농도는 얼마인가요? 너무 늦지 않았을까요?

6대 온실 기체와 지구 온난화 지수

이번에는 6대 온실 기체와 지구 온난화 지수를 알아보겠습니다.

6대 온실 기체에는 메탄(CH_4), 산화 이질소(N_2O), 이산화 탄소(CO_2), 수소불화 탄소(HFCs), 과불화 탄소(PFCs), 육불화 황(SF_6)이 있습니다. 메탄은 농업, 축산 활동 및 관련 폐기물에서 많이 발생합니다. 또한 북극 근처의 영구동토층(permafrost)에도 다량의 메탄이 포함되어 있습니다. 지구 온난화로 인해 영구동토층이 녹으면 얼음층에 갇혀

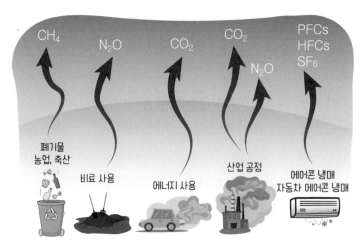

[그림 8-5] 6대 온실 기체 및 주요 배출원 (출처: 에너지관리공단)

있던 메탄이 대기 중에 추가로 방출될 수 있습니다.

비료 사용으로 인해 산화 이질소가 방출되고, 화석 연료 사용의 부산물로는 이산화 탄소가 배출됩니다. 다양한 산업 공정에서도 이산화 탄소와 산화 이질소가 발생합니다. 또한 수소불화 탄소, 과불화 탄소, 육불화 황은 주로 실내 또는 자동차 에어컨 냉매로 사용됩니다.

7장의 '대기 성분을 고려한 플랑크 곡선'에서 지구 복사 에너지를 가장 많이 흡수하는 기체는 수증기라는 사실을 배웠습니다. 그러나 수증기는 주로 자연적으로 발생하며 변동성이 매우 크기 때문에, 인간에 의해 방출량이 조절될 수 있는 6대 온실 기체에는 포함되지 않습니다.

지구 온난화와 관련하여 중요한 개념 중 하나는 '지구 온난화 지수(GWP, Global Warming Potential)'입니다. GWP는 이산화 탄소 1kg과 비교하여 특정 온실 기체 1kg이 지구를 얼마나 가열할 수 있는지를 평가하는 척도입니다. [표 8-1]은 6대 온실 기체의 GWP를 나타냅니다. 예를 들어, 메탄의 GWP가 21이라는 것은 동일한 양의 메탄과 이산화 탄소를 비교했을 때, 메탄이 지구 온난화를 일으킬 잠재력이 이산화 탄소보다 21배 높다는 것을 의미합니다.

[표 8-1] 6대 온실 기체에 대한 지구 온난화 지수

온실 기체	지구 온난화 지수	온난화 기여도(%)	국내 총 배출량(%)
CO_2	1	55	88.6
CH_4	21	15	4.8
N_2O	310	6	2.8
HFCs, PFCs, SF_6	1300~23900	24	3.8

그러나 GWP가 큰 온실 기체가 절대적으로 지구 온난화에 가장 큰 영향을 미치는 것은 아닙니다. 왜냐하면 이러한 기체들이 대기 중에 얼마나 높은 농도로 오래 머무는지를 복합적으로 고려해야 하기 때문입니다. 예를 들어, 염화불화 탄소 계열의 기체들은 이산화 탄소에 비해 GWP가 천 배 이상 높지만, 대기 중에 매우 적은 농도로 존재하기 때문에 온난화 기여율은 더 낮습니다.

따라서 지구 온난화 기여도는 GWP에 각각의 기체 농도를 곱한 값으로 생각할 수 있습니다. 이산화 탄소의 GWP는 1로 가장 낮지만, 대기 중 농도가 절대적으로 많기 때문에 기여율이 절반 이상인 55%입니다. 우리가 지구 온난화를 줄이기 위해 가장 먼저 이산화 탄소를 언급하는 이유가 여기에 있습니다. 그렇다고 해서 메탄이나 산화 이질소 같은 기체가 중요하지 않은 것은 아닙니다. 이들의 GWP는 이산화 탄소보다 매우 높아서 적은 양의 증가만으로도 지구 온난화에 큰 영향을 미칠 수 있기 때문입니다.

1. 킬링(Keeling) 곡선에 관한 진술 중 틀린 것은?

① 하와이에서 관측된 자료이다.

② 킬링 박사가 사망한 이후로도 관측이 지속되고 있다.

③ 이산화 탄소의 계절 변동과 장기 변화를 모두 포함한다.

④ 이산화 탄소의 농도는 여름에 증가하고 겨울에 감소한다.

⑤ 현재 이산화 탄소 농도는 400 ppm을 넘어섰다.

2. 빈칸에 들어갈 영어는?

이산화 탄소 1 kg과 비교하여 어떤 온실 기체 1 kg의 지구 가열 효과가 어느 정도인지를 평가하는 척도를 GWP, Global Warming (   )이라고 한다.

3. 다음 중 6대 온실 기체가 아닌 것은?

① CO_2 ② CH_4 ③ N_2O

④ H_2O ⑤ HFCs   ⑥ PFCs

⑦ SF_6

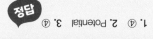

9

해양 기후 변화

기후 변화와 관련하여, 해양은 '기후 변화 몸통'이자 '기후 변화 조절자'로 불릴 만큼 매우 중요한 역할을 하고 있습니다. 그 이유는 아래와 같이 해양의 몇 가지 고유한 특성 때문입니다.

열용량

어떤 물질의 온도를 1°C 높이는 데 필요한 열량을 열용량(heat capacity)이라고 합니다. 따라서 열용량은 물질의 고유한 특성인 비열(specific heat)[20]에 그 물질의 전체 질량을 곱한 값입니다. 물을 구성하는 수소 분자들 사이에 발생하는 인력인 수소 결합(hydrogen bond) 때문에 해양의 비열은 대기의 비열보다 약 4배 정도 큽니다. 여기에 해양의 총 질량을 곱하면 전체 해양의 열용량은 대기의 열용량의 약 1,000~3,000배에 달한다고 알려져 있습니다.

해양의 열용량이 매우 크다는 것은 많은 열을 흡수할 수 있을 뿐만 아니라, 외부 에너지 변화에 의해 온도가 크게 변하지 않는다는 것을 의미합니다. 예를 들어, 우리 몸의 온도가 36.5°C를 유지할 수 있는 이유도 사람 몸의 약 60~70%가 물로 구성되어 있기 때문입니다.

그러므로 해양은 지표나 대기에 비해 지구 온난화에 덜 민감하게 반응하는 이상적인 유체이며, 지구의 온도를 안정적으로 유지하는 중요한 역할을 합니다. 즉, 해양은 지구 대기에 존재하는 여분의 열에너지를 담는 최대 저장고로서, 지구 온도 변화를 최소화하도록 대기의 열을 흡수하는 스펀지 역할을 합니다.

---

20 어떤 물질 1kg을 1°C 높이는 데 필요한 열량

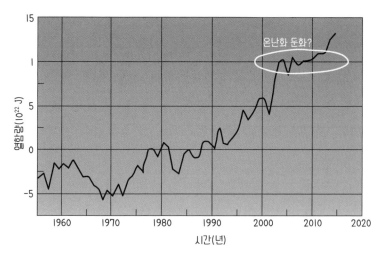

온난화 둔화?

열함량(10²² J)

1960   1970   1980   1990   2000   2010   2020

시간(년)

[그림 9-1] 1950년 이후 전 지구 평균 해양의 열함량 변동 (자료: NOAA)

[그림 9-1]은 표층부터 700 m까지 지구 전체 해양의 열함량(heat content) 변동을 나타낸 것입니다. 열함량은 일정 구간에서 해양이 가지고 있는 열에너지를 나타내며, 열용량과 거의 비슷한 개념입니다. 전 지구 해양 상층의 열에너지 함량은 다양한 자연적인 요인에 의해 끊임없이 변하지만, 1990년대 이후 지구 온난화의 여파로 해양의 온도가 급격히 증가했다는 것을 확인할 수 있습니다.

[그림 9-1]에서 특히 흥미로운 사실은 2000년 초반에 일시적으로 열함량이 증가하지 않았던 지구 온난화 휴지기(global warming hiatus)가 존재했다는 점입니다. 이 기간 동안 기후 변화 회의론자[21]들은 지구 온난화가 끝나가고 있다는 주장을 펼치기도 했습니다. 그러나 간과했던 점은 이 그래프가 표층부터 700 m까지의 열함량을 나타

---

21 지구 온난화 자체를 부정하거나 지구 온난화의 위험성이 과장되었다고 주장하는 사람

내고 있다는 것입니다. 지구 온난화 휴지기는 대양 상층에서 흡수된 열이 700 m보다 깊은 대양의 심층으로 전달되는 시기였고, 이에 따라 상층의 온도 증가가 둔화된 것이라는 후속 연구 결과들이 발표되었습니다. 즉, 해양 상층 수온의 증가 추세는 완화되었지만, 같은 기간 동안 심층의 수온은 여전히 증가했으므로 지구 온난화 자체가 중단된 것은 아닙니다.

오랜 기간 대기 중 증가한 열에너지는 해양 상층에서 충분히 흡수될 수 있었습니다. 그러나 지속적인 온난화로 인해 해양은 포화된 상층의 열을 조절하기 위해 심층으로 열을 전달해야 하는 상황에 놓이게 되었습니다. 만약 심층 해양마저 열 저장고 기능의 한계에 도달한다면, 지구는 어떤 운명을 맞이하게 될까요?

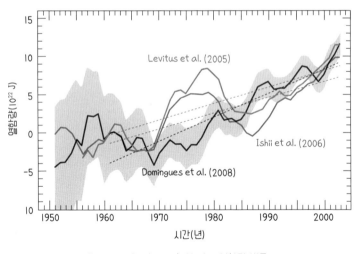

[그림 9-2] 전 세계 해양 상층 열함량 변동

(자료: Levitus et al. (2005); Ishii et al. (2006); Domingues et al. (2008))

전 지구 해양의 열함량 변동 연구와 관련된 흥미로운 사례[22]를 하나 소개해보겠습니다. [그림 9-2]는 서로 다른 세 명의 학자들이 계산한 해양 상층부(0~700 m) 열함량 변동을 비교한 그래프입니다. [그림 9-1]과 유사하게, 1950년대 이후 해양 상층부의 열함량은 지구 온난화 효과로 꾸준히 증가해왔으며, 중간중간 자연 변동성을 보이고 있습니다.

참고로, 검은색 그래프를 중심으로 회색 음영으로 표시된 구간은 계산된 값의 오차 범위를 나타낸 것입니다. 과거의 오차 범위보다 현재의 오차 범위가 지속적으로 줄어들고 있는 이유는 전 지구 평균 열함량을 계산할 수 있는 관측 자료가 많아져, 평균값의 신뢰도가 상승했기 때문입니다. 이는 해양 열함량 변동에 대한 연구가 더욱 정밀해지고, 기후 변화에 대한 이해가 깊어졌음을 의미합니다.

여기서 가장 중요한 사실은 빨간색과 파란색으로 표시된 1970~1980년대의 급격한 열함량 증가 패턴이 검은색 그래프에서는 보이지 않는다는 점입니다. 기존에 자연 변동이라고 믿어졌던 수온의 변화는 당시 XBT[23]라는 관측 기기의 오차 때문에 발생한 것이라는 사실이 새롭게 밝혀졌습니다.

유사한 사례가 앞서 소개한 지구 온난화 휴지기 기간의 자료에서도 발생했습니다. 2006년에 발표된 「Recent Cooling of the Upper Ocean」이라는 논문 연구 결과[24]는 큰 파급 효과를 일으켰습니다. 이

---

22 장유순 (2012)

23 XBT(eXpendable BathyThermograph)는 수심별 수온을 측정하는 일회용 장치로 수면에 투하된 직후 낙하 시간의 경과로 수심을 추정하는 방식을 사용한다.

24 Lyman and Willis (2006)

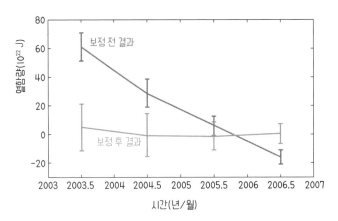

[그림 9-3] 전 세계 해양 상층 열함량 변동 (자료: Willlis et al. (2009))

논문은 마치 기후 변화 회의론자들의 주장을 뒷받침해주는 것처럼 보였습니다. 그러나 이 결과는 ARGO[25] 플로트라는 무인 해양 관측 장비 중 특정 수압 센서를 사용하는 기기의 자료 보정 방법의 오차 때문에 생긴 문제였습니다.

모든 관측 자료를 별도의 보정 없이 사용했을 때 [그림 9-3]의 주황색 실선처럼 2003년부터 2006년까지 전체 지구의 상층 열함량이 감소했으며, 이 결과가 2006년에 그대로 발표되었습니다. 그러나 문제가 되었던 특정 센서를 이용한 관측 자료를 제거한 후에는 그 감소폭이 줄어드는 것을 확인할 수 있었습니다. 물론 온난화 휴지기 동안 열함량이 크게 오르지는 않았습니다.

이러한 사례가 알려진 후, 일부 사람들은 해양 관측 자료의 신뢰성

---

25 ARGO(Array for Real-time Geostrophic Oceanography)란 일정한 수심까지 잠수해 해류를 따라 이동한 다음, 표층으로 올라오면서 수온과 염분을 연속적으로 관측하고 자료를 위성에 전달하는 무인 해양 관측 장비이다.

에 의문을 가지기도 했을 것입니다. 그러나 이러한 수정 과정을 통해 더 정밀한 해양 관측 자료의 보정 기술이 발전하였고, 최종적으로 정확한 기후 변동 신호를 탐지할 수 있었습니다. 결국, 과학은 지속적인 수정과 개선을 통해 발전하는 것이라고 할 수 있습니다.

탄소 펌프

해양은 대기로 배출된 이산화 탄소의 약 30%를 흡수하는 '탄소 저장고' 역할을 합니다. 바다에는 이산화 탄소 이외에도 다양한 기체들이 녹아 있지만, [그림 9-4]에서 보듯이 이산화 탄소의 양이 압도적으로 많습니다. 여러 용존 기체 중에서 해수에 녹아 있는 이산화 탄소량이 높은 이유는 이산화 탄소가 화학적으로 용해도가 높다는 분자적

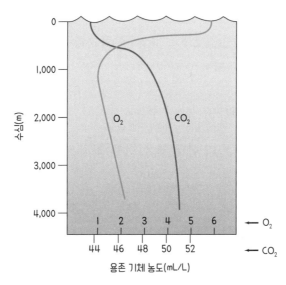

[그림 9-4] 수심에 따른 산소와 이산화 탄소 농도 (출처: 『대학 지구과학개론』)

특성뿐만 아니라, 대기 중의 이산화 탄소를 해양의 깊은 곳으로 빨아들이는 '탄소 펌프(carbon pump)'라고 불리는 고유한 과정이 있기 때문입니다.

탄소 펌프는 크게 '용해도 펌프(solubility pump)'와 '생물 펌프(biological pump)'로 나눌 수 있습니다. 대기 중의 이산화 탄소 농도는 전 지구적으로 거의 균일하지만, 해양은 그렇지 않습니다. 기체의 용해도는 수온에 반비례하는 특성이 있어서, 고위도의 차가운 표층수는 저위도의 따뜻한 표층수보다 더 많은 이산화 탄소를 녹일 수 있습니다. 이처럼 이산화 탄소가 많이 용해된 고위도의 차가운 표층수는 밀도가 커져 심층 수괴를 형성하고, 심층 순환에 의해 해양 내부로 유입됩니다. 이 과정은 4장의 '해양 컨베이어 벨트 순환 과정'에서도 자세히 다뤘습니다. 이러한 심층 순환을 통해 해양은 많은 양의 이산화 탄소를 흡수하여 심층에 보관하며, 이를 '용해도 펌프'라고 합니다.

대기 중 이산화 탄소는 해양 식물의 광합성 과정에서도 상당량이 흡수됩니다. 식물 플랑크톤은 동물 플랑크톤의 먹이가 되며, 이는 다시 해양 생태계를 구성하는 상위 피라미드로 이동합니다. 해양 생명체를 구성하는 탄소는 호흡이나 분해 작용에 의해 해수로 다시 배출되어 광합성 등으로 재활용되지만, 배설물이나 사체의 형태로 배출되어 심층으로 침강하기도 합니다. 이러한 과정을 통해 표층의 이산화 탄소가 심층으로 이동하면서 표층수의 농도는 낮아지고 심층수의 농도는 높아지는 일련의 과정을 '생물 펌프'라고 합니다.

이러한 탄소 펌프 작용으로 해수 중 이산화 탄소 농도는 깊은 곳은 고농도, 얕은 곳은 저농도를 유지하게 됩니다. 해양은 대기 중의 이산화 탄소를 지속적으로 흡수하여 온실 효과를 줄여줍니다. 그러므로 탄소 펌프에 의해 표층의 이산화 탄소를 심층으로 운반하여 표층 농도를 작게 유지하는 과정은 매우 중요합니다. 기후 위기 시대에 해양이 이산화 탄소를 얼마나 흡수하고 배출하며 그 물리적 과정은 어떻게 변화하는지 정확히 이해하려는 노력은 점점 더 중요해질 것입니다.

해수면 상승

지구 온난화로 인한 수온 상승으로 해수가 팽창하거나 육지의 얼음이 녹아 해양으로 유입되면 해수면이 높아집니다. 이러한 해수면 상승으로 인해 투발루, 몰디브, 인도네시아 등 저지대 국가들은 이미 큰 위험에 처해 있습니다. 최근 남극 서쪽에 위치한 스웨이츠 빙하(Thwaites Glacier)가 급격히 녹고 있으며, 이를 '지구 종말의 날 빙하(Doomsday Glacier)'라고 부르기도 합니다. 이처럼 해수면 상승은 전 세계적으로 심각한 문제로 부각되고 있습니다.

정확한 해수면 변화를 알기 위해 주로 인공위성 고도계(satellite altimeter)[26] 자료와 연안 조위 관측소(검조소)에 설치된 조위계(tide gauge) 자료를 사용합니다. 인공위성 고도계 자료는 수 센티미터 내외의 정확성을 가지고, 전 지구적으로 비교적 균질한 자료를 제공하는 장점이 있습니다. 그러나 TOPEX/Poseidon 위성이 최초로 발사된 1992년 이전의 자료는 존재하지 않는다는 단점이 있습니다. 비교적 장기적인 해수면 변화는 19세기부터 시작된 조위 관측 자료를 통해 파악할 수 있습니다. 물론 더 이전의 해수면 변동은 3장에서 설명

---

[26] 인공위성에서 해수면에 전파를 발사한 후 반사파의 수신 시간을 측정하면 해수면의 높이를 정확히 측정할 수 있다.

한 다양한 기후 대리 자료를 이용하여 추정할 수 있습니다.

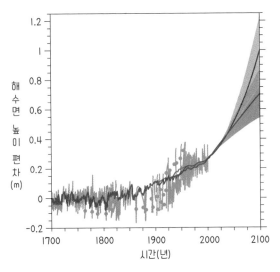

[그림 9-5] 1700년 이후 전 지구 평균 해수면 변동 및 두 가지 미래 시나리오를 적용한
해수면 변동 예측 결과 (자료: IPCC (2014))

[그림 9-5]은 1700년 이후 전 지구 해수면 변동을 나타낸 그래프입
니다. 다양한 자연 변동성이 존재하지만, 1900년 이후 해수면은 꾸준
히 증가해왔습니다. IPCC 5차 보고서에 따르면 전 지구 해수면은 평
균적으로 1년에 약 1.7 mm(1.5~1.9 mm) 상승했다고 합니다. 1901년
부터 2010년까지의 평균 상승률은 약 1.7 mm(1.5~1.9 mm), 1971년
부터 2010년까지는 약 2.0 mm(1.7~2.3 mm), 1993년부터 2010년까
지는 약 3.2 mm(2.8~3.6 mm)로 연평균 상승률이 점점 더 크게 증가
하고 있습니다. 이러한 전 지구 평균 해수면 상승의 가속화는 당연히
대기 중 온실 기체 증가와 밀접한 연관이 있습니다.

[그림 9-5]에는 대표적인 두 가지 미래 기후 변화 시나리오[27], 즉 즉시 온실 기체 배출을 줄이는 경우(RCP2.6)와 현재 추세로 온실 기체를 계속 배출하는 경우(RCP8.5)를 적용했을 때의 평균 해수면 예측 결과도 함께 제시되어 있습니다. 참고로 미래 기후 변화 시나리오에 대한 내용은 12장 〈미래 기후〉에서 자세히 다룰 예정입니다.

안타까운 사실은 지금부터 즉시 온실 기체 배출을 줄이더라도 해수면 상승을 피할 수 없다는 것입니다. 2100년에는 현재보다 최소 30 cm에서 최대 100 cm까지 평균 해수면이 높아지리라고 모든 예측 모델들이 일관된 결과를 보여주고 있습니다. [그림 9-6]와 같이 더욱 다

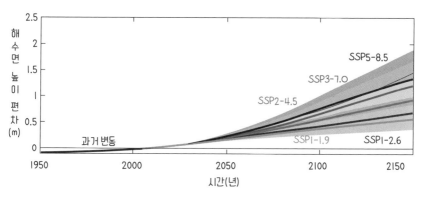

[그림 9-6] 1950년 이후 전 지구 평균 해수면 변동 및 다섯 가지 미래 시나리오를 적용한
해수면 변동 예측 결과 (자료: IPCC (2022))

---

27 IPCC 5차 보고서에 적용된 기후 변화 시나리오인 RCP(Representative Concentration Pathways)는 대표 농도 경로의 약자로 대기 오염 물질 및 토지 이용 변화 등과 같은 요인들로 미래 온실 기체 농도가 어떠한 경로로 진행될지 예상한 시나리오이다. IPCC 6차 보고서에는 SSP(Shared Socioeconomic Pathway)라는 공통 사회 경제 경로 시나리오가 새롭게 적용되었으며, 여기에는 기후 변화 대비 수준에 따라 인구, 경제, 에너지 사용 등의 미래 경제 시스템의 변화도 함께 고려되었다.

양한 시나리오를 적용한 IPCC 6차 보고서의 결과도 동일한 결론을 제시하고 있습니다.

즉, 인류가 해수면 상승 문제에 제대로 대응하지 못하는 경우, 전 세계 곳곳에서 침수 발생, 해안 침식 가속화, 연안 생태계 변화, 해안 보호 습지의 유실, 파괴적인 폭우 발생 등이 빈번해질 것입니다. 이로 인한 피해 규모는 우리가 상상하지 못할 정도로 클 것이라 예상됩니다.

해양 산성화

해양 산성화(ocean acidification)는 [그림 9-7]에서 볼 수 있듯이, 대기 중의 이산화 탄소가 바닷물에 많이 녹으면서 해수의 산성도가

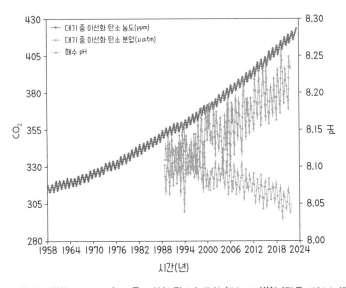

[그림 9-7] 북태평양의 대기와 해수 중 이산화 탄소 농도와 해수 pH 변화 (자료: NOAA/PMEL)

증가하는(pH값[28]이 낮아지는) 현상입니다. 현재까지 해양의 pH는 약 8.05 정도로 염기성입니다. '해양 산성화'라는 의미는 해양이 산성으로 변했다는 뜻이 아니라, 염기성이 약해졌다는 뜻으로 이해하면 됩니다.

어패류, 석회조류, 갑각류, 산호 등 많은 종류의 해양 생물은 탄산칼슘($CaCO_3$)으로 된 골격이나 껍질을 가지고 있습니다. 기후 변화와 관련하여 해양 산성화 문제가 중요한 이유는 해양이 산성화됨에 따라 해양 생물의 탄산칼슘 골격 형성이 어려워진다는 사실입니다. 예를 들어, 아름다운 산호들은 부서지기 쉬워지고 외부 환경 변화에 대한 저항력이 약해져 [그림 9-8]과 같이 백화 현상 등이 나타납니다. 산호

[그림 9-8] 백화 현상을 보이는 산호

---

28 산성이나 염기성의 척도가 되는 값으로 용액에 수소 이온이 얼마나 존재하는지를 나타낸 값이다. pH7 이하의 용액은 산성, 7 이상인 용액은 염기성 또는 알칼리성이라고 한다.

는 수많은 해양 생물들의 서식지일 뿐만 아니라 해안선의 침식과 범람을 방지하며, 해양 관광 자원으로서 보존해야 할 매우 중요한 해양 생태계의 구성 요소입니다. 따라서 해양 산성화로 인한 산호 생태계 붕괴는 매우 심각한 문제라고 할 수 있습니다.

확인 문제

1. 다음 중 옳은 설명은?

① 해양의 열용량은 대기에 비해 4배 크다.

② 해양은 대기 중의 이산화 탄소를 90% 이상 흡수하고 있다.

③ TOPEX/POSEIDON은 해양의 수온을 관측하는 위성이다.

④ 현재 태평양의 화학적 성질은 pH가 7보다 낮은 산성 상태이다.

⑤ 지금부터 즉시 온실 기체 배출을 줄여도 해수면은 일정 기간 계속 상승한다.

2. 서남극에 위치한 빙하로 파인 아일랜드 빙하와 함께 지구상에서 가장 급속하게 녹아내리고 있어 지구 종말의 날이라고 불리는 빙하의 이름은?

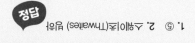

정답
1. ⑤ 2. 스웨이츠(Thwaites) 빙하

10

엘니뇨, 태풍,
오존층 파괴

이 장에서는 기후 시스템 변화에 중요한 영향을 미치는 대표적인 현상 중 엘니뇨, 태풍, 오존층 파괴에 대해 알아보겠습니다. 특히, 기후 변화와의 관련성에 초점을 맞춰 각각의 주요 특성을 살펴볼 계획입니다.

엘니뇨

엘니뇨는 적도 무역풍이 약화되어 열대 동태평양의 표층 수온이 평상시보다 높은 상태가 수개월 이상 지속되는 현상입니다. 엘니뇨는 열대 태평양에서 발생하지만, 그 영향은 저위도에만 국한되지 않고 지구 전체에 미칩니다. 여러분도 "올해는 엘니뇨가 발생해 무더운 여름이 예상됩니다."라고 말하는 뉴스를 본 적이 있을 겁니다. 엘니뇨는 우리가 사는 지역의 기후 변동에 큰 영향을 미치는 것이 사실입니다. 그래서 어떤 사람들은 엘니뇨를 지구 온난화와 비슷한 현상으로, 인간에 의해 발생한 지구 환경 파괴의 결과물로 오해하기도 합니다. 물론 엘니뇨 현상이 지구 온난화와 전혀 연관이 없다고는 할 수 없으나, 근본적으로는 일정한 주기를 가지고 자연적으로 발생하는 현상입니다.

우선 엘니뇨의 주기성에 관해 알아보겠습니다. 저를 포함해서 엘니뇨를 연구하는 전문가들은 엘니뇨의 주기는 약 2~8년(또는 3~7년) 정도이고 자연적으로 발생해왔다고 설명합니다. 엘니뇨는 매해 발생하지는 않지만 최소 2년에서 최대 8년에 이르기까지, 한 번씩 주기적으로 발생합니다. 이 정도의 변동도 주기라고 말할 수 있을까요? 45억년 지구의 역사를 연구하는 지구과학자들은 2년에서 8년 사이에 한 번 이상 발생하는 현상도 주기성이 있다고 표현합니다. 특별히 이러한 주기를 '경년(interannul) 변동' 주기라고 합니다. 연도를 건너뛴다는 의미입니다.

엘니뇨의 주기성을 명확하게 보여주는 증거로 [그림 10-1]을 살펴보겠습니다.

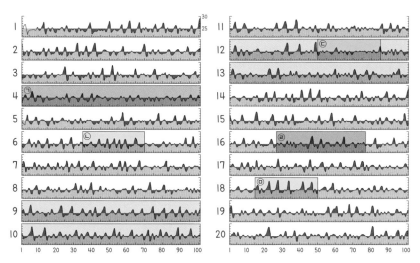

[그림 10-1] 2000년 동안 적도 동태평양의 수온 편차 변화 (자료: Wittenberg(2009))

[그림 10-1]의 x축은 연도를, 각 그래프의 왼쪽에 표시된 숫자는 세기(century)를 나타냅니다. 즉, 1세기(왼쪽 가장 위의 그래프)부터 20세기(오른쪽 가장 아래 그래프)까지 2000년 동안 적도 동태평양의 수온 편차를 기후 시뮬레이션 기법을 통해 재현한 것입니다.

3장에서 과거의 기후를 복원하기 위해 기후 대리 자료를 사용한다고 했습니다. 과거의 기후를 재현하는 방법으로 기후 대리 자료를 사용하기도 하지만, 기후 시뮬레이션(모델링)이라는 기법을 사용하여 과거 기후를 조금 더 정확하게 재현할 수도 있습니다. 기후 시뮬레이션이란 고성능 컴퓨터를 사용하여 초기 관측(대리) 자료에 해양과 대기의 운동을 설명하는 방정식을 적용해 과거를 재현하거나 미래를 예측하는 기법입니다. 우리가 매일 듣는 일기 예보도 기상 모델의 결과에 기초한 내용입니다.

이 그림에서 적도 동태평양의 온도가 상승한 빨간색 시기를 엘니뇨라고 생각하면 되고, 반대로 적도 동태평양의 온도가 하강한 파란색 시기를 라니냐[29]라고 생각하면 됩니다. 엘니뇨라는 용어는 사람들이 지구 환경 변화에 관심을 가지기 시작하면서 익숙해졌습니다. 우리나라는 2007년에서야 중등 교육과정에 처음으로 엘니뇨 현상이 포함되었기 때문에[30], 엘니뇨를 최근에 발생한 이상 기후 현상으로 오해할 수 있습니다. 하지만 이 시뮬레이션 결과를 보면, 1세기부터 강한 엘니뇨가 발생했다는 것을 알 수 있습니다. 즉, 엘니뇨는 지구 역사에서 항상 발생해왔던 현상입니다.

그럼 이 그래프를 작성한 학자가 연구하고자 했던 주제는 무엇이었을까요? 20개의 그래프를 자세히 살펴보면, 4세기에 해당하는 ㉠시기에는 엘니뇨 주기가 비교적 불규칙적이었고, 강도도 매우 약했던 것으로 보입니다. ㉡시기로 표시된 기간에는 엘니뇨 주기가 짧아졌습니다. 반면, ㉢시기에는 거의 15년 이상 엘니뇨가 발생하지 않았던 때도 있었습니다. ㉣시기에는 엘니뇨가 비교적 불규칙하게 발생했던 것 같습니다. 또한, ㉤시기에는 엘니뇨 강도가 다소 커진 것으로 보입니다. 이 그래프의 목적은 역사적으로 발생했던 다양한 엘니뇨의 주기와 강

---

29 엘니뇨와 반대로 무역풍이 평소보다 강해져 동태평양 적도 부근의 해수면 온도가 평년보다 낮아진 상태로 수개월 이상 지속되는 현상을 말한다.

30 장유순 (2021)

도 변화의 원인을 찾는 데 있습니다.

이렇게 엘니뇨의 주기와 강도를 변화시키는 요인은 무엇일까요? 그 해답은 간단하지 않습니다. 엘니뇨는 기후 시스템 내의 여러 가지 상호 작용의 결과로, 매우 복잡한 과정을 통해 발생하고 소멸하기 때문입니다. 엘니뇨에 관심이 있는 분들은 기본적인 엘니뇨의 발생 과정 및 역학을 학습한 후, 다양한 전문 서적 또는 논문을 참고해봐도 좋을 것 같습니다.

기후 변화와 관련하여 우리가 엘니뇨에 주목하는 이유는 다음과 같습니다. 엘니뇨는 경년 변동 주기를 가지는 자연 현상이지만, [그림 10-1]에서 확인할 수 있듯이 그 주기가 불규칙하고 변동성도 심합니다. 앞에서 잠시 언급했듯이 엘니뇨의 영향은 열대 태평양의 해양과 대기 상태에만 국한되지 않습니다. 열대 해양의 수온 변화로 인한 대기 운동의 변화는 파동 형태로 고위도까지 전파될 수 있습니다. 이처럼 한 지역에서 나타난 변화가 아주 먼 지역까지 영향을 미치는 현상을 '원격상관(teleconnection)'이라고 합니다. 엘니뇨는 원격상관을 일으키는 대표적인 자연 현상입니다. 이러한 엘니뇨의 원격상관은 현재 지구과학자뿐만 아니라 사회학자, 경제학자들도 다양하게 연구하고 있습니다.

또한 중요한 것은, 지구 온난화와 관련된 기후 변화가 엘니뇨의 발생 빈도와 강도에 영향을 미칠 수 있다는 연구[31]들이 지속적으로 발표되고 있다는 사실입니다. 지구 온난화로 인해 해수 온도가 상승하면, 이 효과가 엘니뇨의 발생 기작과 중첩되어 엘니뇨의 변형을 초래할 수 있습니다.

---

[31] Cai et al. (2021); Yeh et al. (2009)

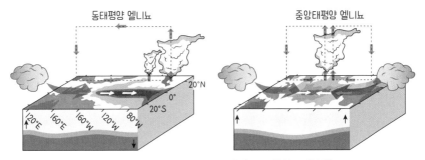

[그림 10-2] 동태평양 엘니뇨와 새로운 형태의 중앙태평양 엘니뇨

(자료: Ashok and Yamagata (2009))

엘니뇨 변형에 관한 예로 [그림 10-2]를 살펴보겠습니다. 우리가 일
반적으로 생각하는 엘니뇨는 평소보다 동태평양의 온도가 높은 왼쪽
그림과 같은 형태였습니다. 그러나 최근에는 오른쪽 그림처럼 중앙태
평양의 온도가 높아지는 변형된 엘니뇨가 나타나고 있습니다. 이러
한 이유로 최근 연구들은 엘니뇨를 동태평양을 의미하는 EP(Eastern
Pacific) 엘니뇨와 중앙태평양을 의미하는 CP(Central Pacific) 엘니뇨
로 구분하기 시작했습니다. CP 엘니뇨를 처음 발견한 일본 도쿄대학교
교수는 이를 엘니뇨 모도키(Modoki)라고 명명했습니다. 참고로 모도키
는 '비슷하다'라는 뜻의 일본어 접미사입니다. CP 엘니뇨(또는 엘니뇨
모도키)가 중요한 이유는 이 새로운 유형의 엘니뇨가 발생하면 중위도
나 고위도에 영향을 미치는 원격상관 패턴도 변화하기 때문입니다.

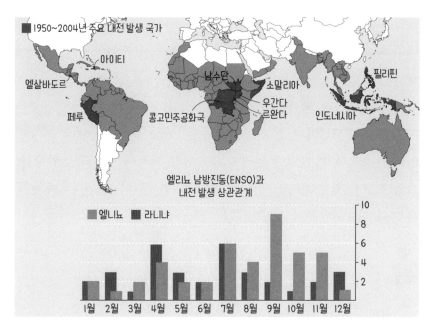

[그림 10-3] 엘니뇨와 내전 발생 상관관계 연구 내용 (자료: Hsiang et al. (2011))

[그림 10-3]과 같이, 엘니뇨의 영향에 관한 흥미로운 연구 결과가 『네이처』에 소개된 바 있습니다. 연구 결과에 따르면, 엘니뇨 현상은 적도 부근 열대 국가들의 내전 발생 위험을 약 2배 높인다고 합니다. 역사적으로 내전이 많이 발생했던 시기와 엘니뇨 및 라니냐가 발생한 건수를 비교해본 결과, 유의미한 상관성이 발견되었습니다. 전쟁은 사회적, 정치적, 경제적, 종교적 다양한 이유로 발생합니다. 기후 변화는 내전 발생의 독자적인 변수는 아니더라도 사회적 불평등을 강화시켜 내전의 강력한 촉매 역할을 할 수 있습니다. 이 때문에 기후 과학자들뿐만 아니라 사회, 정치, 경제학자들도 기후 변화에 큰 관심을 가지고 있는 것입니다.

결론적으로, 지속적인 엘니뇨 현상의 모니터링과 예측은 우리에게 매우 중요한 과제가 되었습니다. 최근에는 인공지능을 이용한 통계 모델을 개발하여 엘니뇨의 예측 정확도를 높이고 있습니다. 인공지능을 학습시키기 위해 엘니뇨 발생 수개월 전부터 확보한 다양한 관측 자료와 수치 모델에서 산출한 표층 수온, 해양 열용량 등 수많은 빅데이터를 활용하고, 다양한 인공지능 기법을 사용해 엘니뇨의 발생 시기와 강도를 최종적으로 예측합니다. 이러한 연구[32]에 우리나라의 많은 과학자들도 앞장서고 있습니다.

태풍

여름과 가을에 한반도를 강타하여 많은 피해를 입히는 태풍의 위력을 직접 또는 간접적으로 경험해보셨을 것입니다. 태풍의 기본 구조, 형성, 이동, 소멸에 관해서는 과학 교과서나 전공 서적에 잘 설명되어 있기 때문에, 여기서는 태풍과 기후 변화의 연관성을 중점적으로 생각해보겠습니다.

최근 기후 변화로 인해 태풍 피해가 더욱 심각해질 것이라는 뉴스가 자주 보도됩니다. 이는 지구 온난화로 인해 태풍의 연료가 되는 바닷물의 증발이 활발해지면서, 예전보다 더 많은 태풍이 발생할 것이라는 예측에 근거하고 있습니다. 과연 그럴까요? 최근 기상청에서 정리한 통계를 살펴보겠습니다.

---

32 Ham et al. (2019)

[표 10-1] 연도별 태풍 발생 및 우리나라에 영향을 준 태풍(괄호) 현황 (자료: 기상청)

연도/월	1	2	3	4	5	6	7	8	9	10	11	12	합계
2010			1				2	5(2)	4(1)	2			14(3)
2011					2	3(1)	4(1)	3(1)	7	1		1	21(3)
2012			1		1	4	4(2)	5(2)	3(1)	5	1	1	25(5)
2013	1	1				4(1)	3	6(1)	8	6(1)	2		31(3)
2014	2	1	2	2		2	5(3)	1	5	2(1)	1	2	23(4)
2015	1	1	1	1	2	2(1)	4(2)	3(1)	5	4	1	1	27(4)
2016						4	7	7(2)	4	3		1	26(2)
2017			1			1	8(2)	5	4(1)	3	3	2	27(3)
2018	1	1	1			4(1)	5	9(2)	4(2)	1	3		29(5)
2019	1					1	4(1)	5(3)	6(3)	4	6	1	29(7)
2020					1	1		7(3)	4(1)	7	2	1	23(4)
2021		1		1	1	2	3	4(2)	4(1)	4	1	1	22(3)
2022				2		1	3(3)	5(1)	7(1)	5	1	1	25(5)
2023				1	1	1	3(1)	6	2	2		1	17(1)
30년 평균 1991-2020	0.3	0.3	0.3	0.6	1.0	1.7 (0.3)	3.7 (1.0)	5.6 (1.2)	5.1 (0.8)	3.5 (0.1)	2.1	1.0	25.1 (3.4)
10년 평균 2011-2020	0.6	0.5	0.4	0.4	0.6	2.2 (0.4)	4.1 (1.1)	5.1 (1.3)	5.3 (1.0)	3.7 (0.2)	2.2	1.0	26.1 (4.0)

증가?

1991년부터 2020년까지 평균적으로 연간 약 25.1개의 태풍이 발생했으며, 그중 우리나라는 3.4개의 태풍 영향을 받았습니다. 최근 10년 평균을 보면, 이 수치는 약간 증가하여 연간 26.1개의 태풍이 발생하고, 그중 4개가 우리나라에 영향을 미쳤습니다. 2019년에는 이례적으로 29개의 태풍이 발생해, 7개의 태풍이 한반도를 통과하며 큰 피해를 주었습니다. 그러나 2020년부터는 태풍 발생 수가 다시 줄어들어, 각각 23개(4개), 22개(3개), 25개(5개), 17개(1개)를 기록했습니다. 많은 사람들은 지구 온난화로 인해 태풍 발생 개수가 증가할 것이라고 예상했지만, 현재까지는 명확한 경향이 보이지 않는 것 같습니다.

그 이유는 무엇일까요? 우선, 태풍이 발생하기 위한 몇 가지 조건을 알아야 합니다. 태풍은 수온이 약 26.5°C 이상인 열대 해상에서 저기압성 바람에 의해 지구 자전의 영향을 받아 회전하며 상승한 공기 덩어리에 의해 탄생합니다. 태풍이 발달하고 지속적으로 유지되기 위해서는 해수의 온도가 높아 바닷물의 증발열에 의한 에너지원을 지속적으로 공급받아야 합니다. 그러나 이외에도 중요한 조건이 있습니다. 태풍은 연직으로 바람의 세기 변화가 크지 않은 상태에서 충분한 상승 기류를 오랫동안 유지할 수 있어야 합니다.

9장 〈해양 기후 변화〉에서 배웠듯이, 지구 온난화로 인해 바닷물의 수온은 명확하게 상승하고 있습니다. 그러나 전 세계적으로 발생하는 강력한 열대성 저기압의 숫자는 유의미하게 증가하지 않았습니다. 그이유는 저기압성 회전 강도, 바람의 연직 속도 변화와 같은 태풍이 발달하기 위한 다른 조건들의 변화도 함께 고려해야 하기 때문입니다. 또한, 태풍의 진로 및 강도 변동에 영향을 주는 주변의 기압 배치 등이 지구 온난화에 따라 복잡하게 변화하고 있습니다. 따라서 기후 변화와 태풍의 연관성을 연구하기 위해서는 해수면 온도 증가라는 한가지 요인만으로는 충분하지 않습니다. 여러 복합적인 요인들을 함께 고려해야 할 것입니다.

그럼 지구 온난화와 태풍은 전혀 관련이 없을까요? 현재까지의 통계로 보면 전체 태풍의 개수는 유의미하게 증가하지 않았지만, 강한 태풍의 수는 증가하고 있습니다. [그림 10-4]는 전체 대서양에서 발달한 허리케인[33] 중 강한 허리케인으로 분류되는 4등급과 5등급[34] 허리

---

33 대서양에서 발달한 강한 열대성 저기압을 허리케인이라고 하며, 물리적으로 태풍과 같은 자연 현상이다. 참고로 인도양에서 발생한 강한 열대성 저기압은 사이클론이라고 부른다.

34 사피어-심슨 등급(Saffir-Simpson scale) 기준에 의해 풍속에 따라 허리케인 강도를 1(약)~5(강)까지 나눈다.

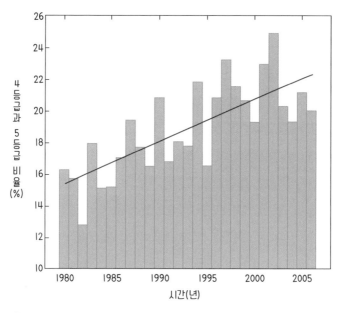

[그림 IO-4] 시간에 따른 4등급과 5등급 허리케인의 발생 비율 변화 (자료: Elsner et al. (2008))

케인이 차지하는 비율이 시간에 따라 증가하고 있다는 통계를 보여주고 있습니다.

x축은 연도를, y축은 전체 허리케인의 발생 개수 중 4등급과 5등급 허리케인이 차지하는 비율을 나타낸 것입니다. 1980년부터 2005년까지 4등급 이상의 강한 허리케인이 차지하는 비율이 10% 중반에서 20% 중반까지 증가하고 있습니다. 현재까지 태풍(허리케인)을 연구하는 대부분의 학자들은 이러한 결과에 동의하고 있습니다. 이는 지구 온난화로 인해 해수면 온도가 상승하면서, 강력한 태풍의 빈도가 증가하고 있음을 보여줍니다. 따라서 기후 변화가 태풍의 강도에 미치는 영향을 무시할 수 없습니다. MIT 대학의 케리 이매뉴얼(Kerry Emanuel) 교수가 2005년 『네이처』에 이러한 기후 변화와 태풍의 강

도 변화에 관한 연구 결과[35]를 발표한 이후, 이 분야의 연구가 활발히 진행되어 다양한 결과들[36]이 발표되고 있습니다.

허리케인을 연구하는 이매뉴얼 교수는 2006년에 『타임』이 선정한 '세계에서 가장 영향력 있는 100인'에 포함되었습니다. 그는 이미 하이퍼케인(hypercane)이라는 초강력 허리케인이 나타날 것이라고 경고했습니다. 우리나라의 태풍 연구 학자들 또한 슈퍼 태풍에 의한 피해를 입을 수 있다고 경고하고 있습니다.

현재 태풍의 발생 개수가 증가하고 있는지 감소하고 있는지는 아직 명확하지 않습니다. 그러나 강한 태풍이 훨씬 더 많아지고 있다는 사실은 많은 학자들 사이에서 합의된 상태입니다. 이는 큰 피해를 일으킬 수 있는 태풍이 더 많이 발생하고 있음을 의미합니다. 강한 태풍의 빈도가 증가함에 따라, 우리는 더욱 철저한 대비와 예방 조치를 마련해야 할 것입니다.

[그림 10-5] 케리 이매뉴얼 교수

35 Emanuel, K. A (2005)

36 Webster et al., (2005); Elsner et al., (2008); Kuleshov et al., (2010)

오존층 파괴

이번에는 오존층 파괴와 기후 변화의 연관성에 대해 알아보겠습니다.

오존은 산소 원자 세 개가 결합된 O_3 구조를 가진 물질입니다. 산소는 두 개의 산소 원자가 결합된 산소 분자(O_2) 형태로 존재할 때 가장 안정한 상태이기 때문에, 산소 분자에 추가적인 산소 원자가 하나 더 결합된 오존은 기본적으로 매우 불안정한 상태입니다. 따라서 오존은 다른 물질과 매우 잘 반응하여 산소 분자와 산소 원자로 분해되려고 하는 화학적 성질을 가지고 있습니다. 오존에서 산소 원자가 떨어져 나와 다른 물질과 반응하게 되는 과정을 '다른 물질을 산화시킨다'고 표현합니다. 즉, 오존은 강한 산화력을 가지고 있어 살균제, 탈취제 등으로 유용하게 쓸 수 있습니다.

그러나 한편으로, 강력한 산화력을 가진 불안정한 기체인 오존은 사람이 직접 호흡할 경우 폐포 세포를 파괴해 다양한 호흡기 질환을 유발하는 매우 위험한 독성 물질입니다. 특히 기온이 높은 여름철에는 대기 중에 배출된 오염 물질이 햇빛을 받으면서 추가로 오존이 생성됩니다. 지구 온난화로 인해 지표 온도가 계속 상승하고 인간 활동으로 인해 대기 오염 물질 배출이 많아지면 오존 농도도 자연히 높아질 수 있습니다.

[그림 10-6]은 고도에 따른 오존량 비율 변화를 나타낸 그래프입니다. 다행히도 전체 대기의 오존 중 약 10%만이 지표 근처 대류권에 존재합니다. 앞서 설명한 바와 같이, 오존은 강력한 산화력을 지니고 있어 그 농도가 높아지면 독성 물질로 작용하게 됩니다. 이러한 오존을 스모그 오존 또는 광화학 오존이라고 하며, 안타깝지만 지구 온난화

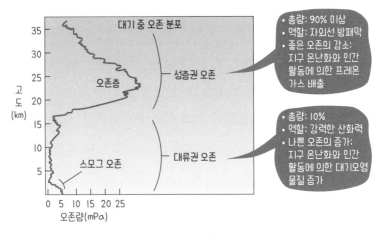

[그림 10-6] 고도에 따른 오존량의 비율 변화 (자료: Hegglin et al. (2014))

와 인간 활동에 의한 대기 오염 물질의 증가로 그 농도가 점점 높아지고 있습니다.

대기 중 오존의 농도를 정량적으로 살펴보겠습니다. 대류권 오존의 농도는 최대 5 mPa($= 5 \times 10^{-3}$ Pa) 이내로 표시되어 있습니다. 오존 주의보는 대기 중 오존량이 0.12 ppm 이상일 때, 오존 경보는 0.3 ppm 이상일 때 발령됩니다. 그렇다면 ppm과 Pa 사이에는 어떤 관련이 있을까요? 상식을 넓히기 위해 간단한 단위 변환 연습을 해보겠습니다.

Pa(파스칼)은 기압의 단위입니다. 기압이란 단위 면적에 작용하는 공기의 힘을 의미하며, 1 m^2의 면적에 1 N의 힘이 작용할 때의 압력이 1 Pa입니다. 지표 근처에서 대기 중의 모든 기체의 압력을 더한 대기압은 약 1000 hPa(1000×10^2 Pa), 즉 1×10^5 Pa 정도 됩니다. 그러면 오존에 의한 5 mPa의 압력은 전체의 $\dfrac{5 \text{ mPa}}{1000 \text{ hPa}} = \dfrac{5 \times 10^{-3} \text{ Pa}}{1 \times 10^5 \text{ Pa}} = 5 \times 10^{-8}$ 정도가 되겠네요.

우리가 주로 사용하는 물질의 농도를 나타내는 ppm은 part per

million의 약자로, 백만 분의 일(1×10^{-6})을 의미합니다. 오존 농도가 0.12 ppm 이상일 때 오존 주의보가 발령된다는 것은 대기 중에 오존이 차지하는 비율이 0.12×10^{-6} 이상이라는 뜻입니다. 그러므로 [그림 10-4]에서 표시된 5 mPa = 5×10^{-8} = 0.05×10^{-6}은 약 0.05 ppm[37]에 해당합니다. 이 수치의 2.4배인 0.12 ppm이 되면 오존 주의보가, 6배인 0.3 ppm이 되면 오존 경보가 내려진다고 생각하면 됩니다. 이를 통해 오존 농도의 위험 수준을 정량적으로 이해할 수 있습니다.

이제는 대류권이 아니라 고도 약 20~30 km에 위치하고 있는 성층권 오존에 대해 알아보겠습니다. 성층권에 있는 오존의 정확한 농도를 알기 위해서는 고도가 높아질수록 기압이 급격히 감소한다는 사실을 알고 있어야 합니다. 고도가 높아질수록 공기의 밀도가 급격히 작아져 공기 분자의 운동에 따른 충돌 횟수가 적어지기 때문에 고도가 높아질수록 기압은 당연히 감소하게 됩니다. 약 20 km에서의 대기압은 약 25 hPa 정도이며, 이는 지표면 기압의 약 2.5%입니다. [그림 10-6]을 통해 성층권에서 오존의 평균 기압이 약 25 mPa 정도라고 어림하면, 성층권에서 오존 농도는 $\dfrac{25\ \text{mPa}}{25\ \text{hPa}} = \dfrac{25 \times 10^{-3}\ \text{Pa}}{25 \times 10^{2}\ \text{Pa}} = 10^{-5} = 10 \times 10^{-6} = 10$ ppm 정도로 계산할 수 있습니다. 이는 오존 경보 수치인 0.3 ppm의 약 33배에 해당합니다. 이렇게 ppm 단위로 표시된 오존 농도 그래프는 [그림 10-7]에서도 확인할 수 있습니다.

이제 성층권의 평균 오존 농도가 10 ppm이라는 것을 확인했습니다. 오존의 농도가 높은 층이 우리가 숨을 쉬는 대류권이 아닌 성층권이므로 우리는 오존의 독성으로부터 안전할 것 같습니다. 그렇다면

---

[37] 더 정확한 값을 계산하기 위해서는 이상 기체 상태 방정식(PV=nRT)을 사용할 수 있다.

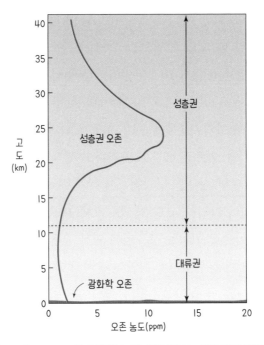

[그림 10-7] 고도에 따른 오존량의 비율 변화 (출처: 『대학 지구과학개론』)

성층권을 비행하는 비행기는 어떨까요? 비행기는 주변 공기를 흡수
하면서 내부에 산소를 공급합니다. 성층권을 비행하는 비행기가 주변
공기를 흡수할 때, 높은 농도의 오존이 함께 유입될 수 있어 매우 위험
할 것 같습니다. 그러나 걱정하지 않아도 됩니다. 왜냐하면 비행기 내
부로 기체를 유입할 때 차가운 공기의 온도를 높이기 위해 압력을 증
가시키는데, 이 과정에서 반응성이 강한 오존이 모두 파괴되기 때문
입니다. 오존은 높은 온도와 압력에서 빠르게 분해되어 산소로 변환
되므로, 비행기 내부로 유입되는 공기에는 위험한 농도의 오존이 포
함되지 않습니다. 따라서 성층권을 비행하는 비행기 내의 공기는 안
전하게 유지될 수 있습니다.

이렇게 약 20~30 km 상공의 성층권 내 오존 함량이 매우 높은 공기층을 오존층이라고 합니다. 오존층은 지구 시스템을 안정적으로 유지시키는 데 매우 중요한 역할을 합니다. 4장의 '지질 시대'에서 배운 것처럼, 고생대 중 실루리아기에 오존층이 형성된 이후에야 육상 생물이 번성할 수 있었습니다. 그 이유는 무엇일까요?

많은 분들이 이미 알고 계신 것처럼 오존층은 태양 복사 에너지 중 우리에게 유해한 자외선을 차단해주는 역할을 합니다. [그림 10-8]과 같이 자외선은 파장에 따라 UV-A(315~400 nm), UV-B(280~315 nm), UV-C(100~280 nm) 세 종류로 나눌 수 있습니다. 결론부터 말씀드리면, 오존층은 태양 복사 에너지 중 가장 유해하고 파장이 짧은 UV-C와 UV-B 자외선을 거의 차단해줍니다.

구체적으로, UV-A는 오존층에 의해 거의 흡수되지 않고 지표면까지 도달하지만, UV-B는 약 95% 정도가 오존층에 의해 흡수됩니다. UV-C는 거의 100% 오존층에 의해 차단됩니다. UV-C는 염색체 변이를 일으키는 등 우리 몸에 매우 해롭고, UV-B 자외선도 지속적으로 피부에 닿으면 화상을 입고 피부암을 일으킬 수 있다고 알려져 있습니다. 따라서 UV-B와 UV-C 자외선을 흡수할 수 있도록 반드시 오존층이 유지되어야 합니다. 이는 지구 생명체를 보호하는 데 매우 중요한 요소로, 오존층의 파괴는 생태계와 인간 건강에 심각한 영향을 미칠 수 있습니다.

그러면 과연 오존층은 어떤 원리로 유해한 자외선을 차단할 수 있을까요? 성층권에서는 다음과 같은 과정으로 오존이 자연적으로 생성됩니다. 우선 산소 분자가 자외선에 의해 광학적으로 분해되어 두 개의 산소 원자로 나뉩니다. 이 과정에서 관여하는 자외선은 파장이 짧

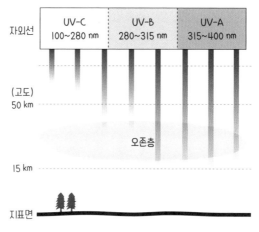

[그림 10-8] 파장에 따른 자외선의 종류와 오존층에 의한 흡수 정도

고 에너지가 큰 UV-C 타입입니다.

$$O_2 + UV\text{-}C(파장 < 242 \text{ nm}) \rightarrow 2O$$

이렇게 생성된 산소 원자는 또 다른 산소 분자와 제3의 물질(M)이라고 불리는 대기 중의 다른 성분들과 합쳐져 최종적으로 오존을 형성합니다.

$$O + O_2 + M \rightarrow O_3 + M$$

그럼 태양 복사 에너지에 의한 광분해 과정으로 성층권에서는 계속 오존이 생성되기만 할까요? 그렇다면 성층권 오존의 농도는 계속 높아질 것입니다. 하지만 성층권에서는 당연히 오존이 파괴되기도 합니다.

생성된 오존은 자외선을 흡수하여 다시 산소 원자와 산소 분자로 광분해됩니다.

$$O_3 + UV\text{-}B(\text{파장} < 366 \text{ nm}) \rightarrow O_2 + O$$

이 과정에서 오존을 파괴하는 자외선은 주로 UV-B 종류이며, 이때 발생하는 에너지가 성층권의 온도를 높이는 데 사용됩니다. 이렇게 오존이 생성되고 소멸되는 과정에서 자외선을 흡수하여 지표면에 자외선이 도달하지 못하도록 합니다. 이러한 일련의 과정을 '채프먼 순환(Chapman cycle)'이라고 합니다. 중요한 점은 오존이 자연적인 생성과 소멸 과정을 거치면서 일정한 농도를 유지한다는 사실입니다.

그러나 인간 활동으로 인해 배출된 화학 물질이 성층권으로 유입되면 오존층을 파괴하여 오존의 생성과 소멸의 평형이 깨지게 됩니다. 오존을 파괴하는 다양한 화학 물질 중에는 프레온 가스로 알려진 염화불화탄소($CFCl_3$)가 있으며, 이 물질에 포함된 염소(Cl)는 아래와 같은 과정으로 지속적으로 오존을 파괴합니다.

$$Cl + O_3 \rightarrow ClO + O_2$$
$$ClO + O \rightarrow Cl + O_2$$
Net: $O_3 + O \rightarrow 2O_2$ (Cl 원자는 그대로 남아 다른 오존을 파괴함)

이렇게 성층권으로 유입된 염소 원자 1개는 오존 분자 10만 개를 파괴한 후에야 사라진다는 추산도 있습니다. 이러한 오존의 파괴는 주로 겨울철 남극 상공의 극소용돌이(polar vortex)[38] 발달로 극성층운

---

38 극지역의 찬 공기로 이루어진 대규모 저기압성 순환으로 극소용돌이의 위치 및 강도 변화에 따라 중위도 지역의 기온 변화가 크게 달라진다.

(PSC, Polar Stratospheric Clouds)[39]의 빙정 속에 갇혀 있던 염소들이 봄철에 일시적으로 방출되면서 발생합니다. 그 결과, 봄철 남극 상공에서는 [그림 10-9]와 같은 거대한 오존홀(ozone hole)이 형성됩니다.

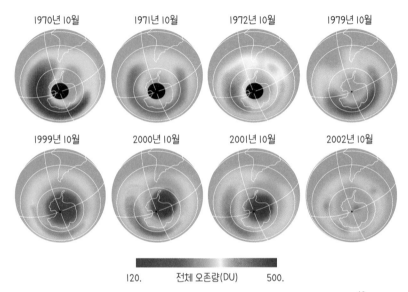

[그림 10-9] 1970년부터 2002년까지 10월 남극 상공의 오존 분포 (단위: DU[40])

(출처: 『대학 지구과학개론』)

그럼 오존홀과 지구 온난화는 어떤 관계가 있을까요? 6장에서 공부했던 '기후 변화 피드백' 원리 중 오존층 파괴와 연관된 예를 살펴보겠습니다.

온실 기체 증가에서부터 시작하겠습니다. 온실 기체가 증가했다는

---

39 주로 남극 상공에서 겨울철 냉각에 의해 발생하는 거대한 구름으로 구름 안의 빙정에 염소가 농축되어 있다.

40 오존량을 나타내는 단위로 오존을 0℃, 1기압 상태로 압축했을 때의 두께를 mm로 나타낸 것을 오존 전량이라고 하며, 오전 전량의 100배를 돕슨 단위(DU, Dobson Unit)로 사용한다.

것은 대류권에서 지구 복사 에너지의 흡수가 증가했다는 의미입니다. 즉, 지구에서 방출하는 복사 에너지가 온실 기체에 의해 지표로 다시 방사되면 성층권에 도달하는 복사 에너지가 감소하게 됩니다. 이로 인해 성층권 온도는 대류권 온도와 반대로 하강합니다. 성층권 온도가 하강하면 극성층운과 같은 염소를 농축시킬 수 있는 빙정이 잘 성장하게 되어 오존층 파괴가 가속화할 수 있습니다. 오존층 파괴가 가속되면 오존홀의 크기가 커지고, 오존홀이 커지면 유해한 자외선이 지표에 더 많이 도달하게 됩니다. 지표에 유해한 자외선이 도달하면 이산화 탄소를 흡수하고 산소를 방출하는 식물의 광합성 기능이 약해집니다. 이는 온실 기체의 증가를 초래하며, 같은 메커니즘이 반복되는 '양의 피드백'이 성립됩니다.

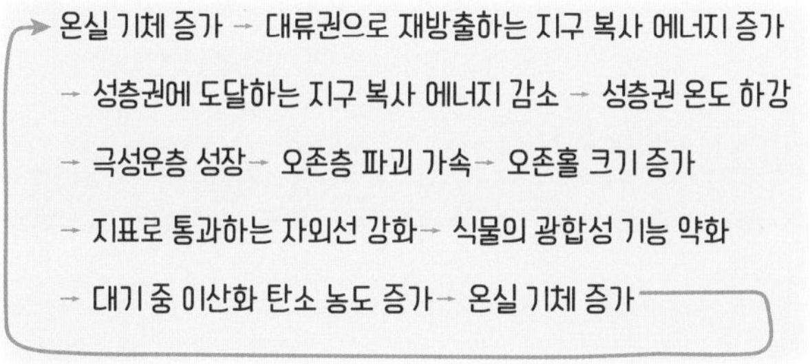

[그림 10-10] 온실 기체 증가와 오존층 파괴에 관한 양의 피드백 과정의 예

아마도 지구 온난화로 인한 기후 위기 이전에 사람들이 가장 많은 관심을 가진 지구 환경 변화는 오존홀 생성이었을 것입니다. 국제 사회는 1987년 프레온 가스 사용을 금지하는 몬트리올 의정서(Montreal

Protocol)에 서명하여 대기 중 염소 농도를 꾸준히 낮추고 있습니다. 몬트리올 의정서는 지구 환경 문제에 국제적으로 공동 대응하여 성공적인 결과를 이끌어낸 모범적인 사례로 평가되고 있습니다.

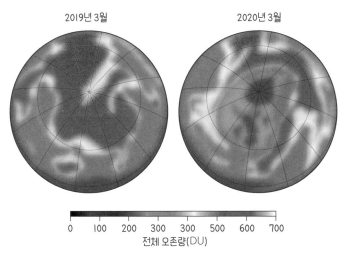

[그림 10-11] 2020년 3월에 관측된 북극 상공의 오존홀 (자료: Witze (2020)

    오존홀은 주로 남극 상공에서 발달합니다. 그 이유는 북반구에서는 복잡한 지형에 따라 대기 운동의 변동이 심해 프레온 가스와 같은 오염 물질의 확산이 쉬워 오존의 지속적인 파괴가 발생하지 않기 때문입니다. 그러나 [그림 10-11]에서 볼 수 있듯이, 2020년 3월에는 북극 상공에서도 비교적 큰 오존홀이 관측되었습니다. 오존층 파괴 물질인 프레온 가스의 배출뿐만 아니라 지구 온난화에 따른 극소용돌이의 변동과 같은 복합적인 원인 때문이었습니다.

    그러므로 우리는 여전히 오존층 파괴에 경각심을 갖고 지속적으로 프레온 가스와 온실 가스의 사용을 줄여나가야 합니다.

확인 문제

1. 엘니뇨는 주기적으로 일어나는 자연 현상 중의 하나이다. (O, X)

2. 인공지능으로 엘니뇨와 라니냐를 예측할 수 있다. (O, X)

3. 사피어-심슨(Saffir-Simpson) 등급에 의하면 5등급 태풍이 1등급 태풍보다 강도가 세다. (O, X)

4. 지구 온난화 때문에 태풍의 발생 개수는 급격히 증가했다. (O, X)

5. 오존의 생성과 파괴에는 자외선 A 타입이 관여한다. (O, X)

6. 온실 기체의 증가는 오존층 파괴를 가속화할 수 있다. (O, X)

정답
1. O 2. O 3. O 4. X 5. X 6. O

11

극한 기후 변화

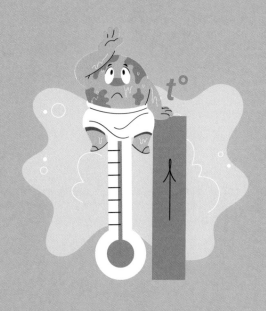

극한 기후 사례

제가 이 글을 쓰고 있는 2024년 6월, 서울의 최고 기온이 36℃에 육박하며 6월 중순 기온으로는 75년 만에 가장 높은 기록을 세웠습니다. 이러한 현상은 우리나라뿐만 아니라 전 세계적으로 나타나고 있습니다. 2024년 1월, 러시아 일부 지역에서는 기온이 −40℃ 이하로 떨어지는 강력한 한파가 발생했습니다. 반면, 인도에서는 47℃ 이상의 극심한 폭염으로 인해 100명이 넘는 사람들이 사망했습니다. 브라질 남부 지방에서는 80년 만의 폭우로 100여 명이 사망하고, 150만여 명의 이재민이 발생했습니다. 미국 중서부의 대평원 지대에서는 4일 동안 100개 이상의 강력한 토네이도가 발생했으며, 텍사스와 칠레에서는 대규모 산불이 연이어 발생했습니다. 유럽은 강풍을 동반한 폭풍으로 큰 피해를 입었습니다. 이 모든 사건은 2024년 상반기에만 발생한 일들입니다.

앞으로 우리는 '역대 가장 무더운 여름', '역대 가장 추운 겨울', '최대 강수량 갱신', '가뭄 발생 일수 갱신' 등 극한 기후를 얼마나 더 많이 겪게 될지 알 수 없습니다. 많은 사람들은 지구의 모든 지역의 기온이 오를 것이라고 생각합니다. 그러나 한파나 가뭄 등 기온 증가와 직접적인 연관이 없어 보이는 현상들도 발생하면서 우리에게 피해를 주고 있습니다. 그렇다면 왜 이러한 극한 기후 변화가 발생할까요?

우선 해양 및 대기 대순환과 극한 기후 변화에 대해 생각해보겠습니다. 지구의 가장 근본적인 에너지원은 태양 복사 에너지입니다. 태양 복사 에너지는 저위도 지역에 고위도 지역보다 더 많이 도달하기 때문에, 저위도 지역은 온도가 높고 고위도 지역은 온도가 낮습니다.

이로 인해 저위도 지역의 공기는 뜨거워져 상승하고, 차가운 고위도 지역의 공기는 하강 운동을 합니다. 이러한 대기의 온도(밀도) 차이와 지구 자전 효과 등이 중첩되어 큰 규모의 대기 대순환이 형성됩니다. 대기 순환에 의해 무역풍, 편서풍, 극동풍 등이 발생하고, 이 바람들은 해양 표층 순환을 구동합니다. 이러한 해양 표층 순환은 4장의 '컨베이어 벨트 순환'에서 배운 것처럼 심층 순환과 연결되어 지구 전체를 순환합니다.

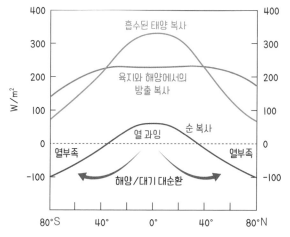

[그림 11-1] 위도에 따른 평균 태양 복사 에너지와 지구 복사 에너지의 차

[그림 11-1]은 위도에 따른 평균 복사 에너지를 보여줍니다. 위도 별로 흡수된 태양 복사 에너지의 범위는 약 80~320 W/m^2로, 이는 4장의 '태양 상수'에서 언급한 값과 유사합니다. 적도를 중심으로 보면 약 320 W/m^2의 태양 복사 에너지가 유입되는 반면, 지구에서 방출하는 복사 에너지는 약 220 W/m^2입니다. 이러한 차이는 대기와 해양

순환에 의해 저위도에서 흡수된 태양 복사 에너지가 고위도로 수송되기 때문입니다. 즉, 한 지역에 도달한 모든 태양 복사 에너지가 그 지역의 온도를 직접적으로 올리는 것은 아닙니다. 대기와 해양 순환으로 인해 지구 전체에 에너지가 고르게 분포되고, 그 결과 남은 열이 그 지역의 온도를 상승시킵니다.

따라서 현재 적도는 약 220 W/m², 극지방은 약 150 W/m²의 지구 복사 에너지를 기준으로 온도를 유지하고 있습니다. 결론적으로, 지구가 방출하는 에너지의 위도별 차이는 약 70 W/m² 이하로, 이로 인해 적도는 지나치게 덥지 않고 극지방은 지나치게 춥지 않은 기후가 유지됩니다.

그러나 대기나 해양 순환이 변화한다면 어떻게 될까요? 4장의 '영거 드라이아스'에서 배운 것처럼, 해양 순환이 느려져 저위도에서 남는 열을 고위도로 수송하는 역할이 제대로 이루어지지 않으면, 적도는 지금보다 훨씬 뜨거워지고 고위도는 지금보다 훨씬 추워져 위도별 기온 차가 크게 발생할 수 있습니다. 즉, 같은 지구에서도 어느 지역은 폭염이, 다른 지역은 한파가 발생할 수 있는 것입니다.

한 가지 사례를 더 설명하겠습니다. 10장의 '오존층 파괴'에서 극소용돌이에 대해 간략히 소개했습니다. 이 극소용돌이는 북극과 남극 상공에 존재하며, 극지방의 차가운 공기를 가두는 역할을 합니다. 그러나 지구 온난화로 인해 극지방의 빙하가 많이 녹으면 지구의 반사도가 감소하고, 극지방의 온도가 상승할 수 있습니다. 이렇게 되면 극지방과 중위도 지역 간의 온도(기압) 차이가 줄어들고, 이는 극소용돌이의 세기를 약화하는 역학적 조건을 제공합니다. 극소용돌이가 약화하면 [그림 11-2]와 같이 위치가 남하하게 되어, 특히 우리나라처럼

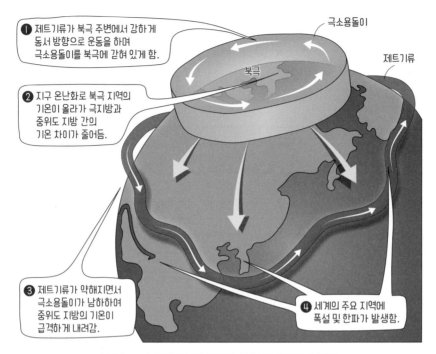

❶ 제트기류가 북극 주변에서 강하게
동서 방향으로 운동을 하며
극소용돌이를 북극에 갇혀 있게 함.

극소용돌이

제트기류

북극

❷ 지구 온난화로 북극 지역의
기온이 올라가 극지방과
중위도 지방 간의
기온 차이가 줄어듦.

❸ 제트기류가 약해지면서
극소용돌이가 남하하여
중위도 지방의 기온이
급격하게 내려감.

❹ 세계의 주요 지역에
폭설 및 한파가 발생함.

[그림 II-2] 지구 온난화에 의한 극소용돌이의 약화 과정

평소 극소용돌이 밖에 있어 비교적 온화한 겨울을 보냈던 중위도 지역에서는 극소용돌이 안에 갇혀 한파와 같은 극한 기후를 경험할 수 있습니다.

즉, 지구 온난화가 모든 지역의 온도를 일관되게 올리는 것은 아닙니다. 지구 시스템의 다양한 상호 작용으로 인해 다양한 형태의 극한 기후 현상이 나타날 수 있습니다.

극한 기후를 연구하는 학자들은 이를 매우 체계적으로 정리해왔습니다. 세계기상기구(WMO, World Meteorological Organization) 산하의 ETCCDI(Expert Team on Cimate Change Detection and

Indices), 즉 기후 변화(climate change)를 탐지(detection)하고 지수화(indices)하는 전문가 집단(expert team)은 [표 11-1]과 같이 다양한 극한 기후 지수를 정량적으로 정의했습니다.

[표 11-1] 극한 기후 지수 정의 (WMO ETCCDI 기준 일부 발췌)

분석 요소	설명	단위
열대야 일수	일 최저기온이 25°C 이상인 날의 일수 ※ 기상청 기준: 밤(18:01~익일 09:00) 최저기온이 25°C 이상인 날	일
여름 일수	일 최고기온이 25°C 이상인 날의 일수	일
폭염 일수	일 최고기온이 33°C 이상인 날의 일수 ※ 기상청 기준 폭염주의보: 일 최고기온이 33°C 이상인 상태가 2일 이상 지속	일
결빙 일수	일 최고기온이 0°C 이하인 날의 일수	일
최장 무강수 지속 기간	일 강수량이 1 mm 미만인 날의 최장 지속일수	일
일 최고기온 연 최댓값	일 최고기온의 연중(1월 1일 ~ 12월 31일) 최댓값	°C
일 최저기온 연 최솟값	일 최저기온의 연중(1월 1일 ~ 12월 31일) 최솟값	°C
1일 최대 강수량	연속된 24시간(0~24시) 동안 기록된 최대 강수량	mm

'열대야 일수가 점점 늘어나고 있다'는 말은 하루 동안 최저 기온이 25°C 이상인 날이 증가하고 있다는 뜻입니다. 한편 여름 일수는 하루 동안 최고 기온이 25°C 이상인 날로 정의됩니다. 최근 기상청에서는 여름 기간을 공식적으로 늘리자는 논의를 추진하고 있습니다. 기상청 발표 자료인 [그림 11-3]을 살펴보면, 2011년부터 2020년까지의 10년

평균 여름 일수는 이미 127일로 3개월을 초과하고 있습니다. 이미 우리나라는 5월 말부터 9월 말까지 기온상 여름인 셈입니다. 현재의 온실 기체 배출 수준에 따라, 21세기 후반에는 우리나라의 여름이 최소 110일에서 최대 170일까지 늘어날 것으로 전망됩니다. 즉, 1년 중 여름이 4~6개월을 차지하게 됩니다.

[그림 11-3] 한반도 여름 길이 변화 (자료: 기상청)

열사병 등 온열 질환을 유발하여 많은 인명 피해를 일으키는 폭염은 33℃를 기준으로 합니다. 한편, 한파와 연관된 결빙 일수, 가뭄과 관련된 무강수 지속 기간 등 극단적인 현상을 정의하는 지수들도 모두 정량적으로 설정되어 있습니다. 기후 변화에 따라 이러한 현상이 더 자주 발생한다면, 기준을 다시 설정해야 할 수도 있을 것입니다.

해양 환경은 어떻게 변할까요? 극한 환경 변화로 당연히 해양 생태계도 많은 피해를 입고 있습니다. 여름철 바닷물의 수온이 28℃ 이상으로 상승하면 고수온 주의보가 발령되며, 이 상태가 3일 동안 지속될 때 고수온 경보가 발령됩니다. 고수온 상태에서는 양식하는 물고기들이 폐사하는 등 많은 경제적 피해가 발생합니다. 이에 우리나라 해양

수산부와 산하 연구기관들은 해양의 수온 상승을 예의주시하며, 다양한 방법으로 예측하여 예보하고 있습니다. 고수온 관심 단계의 예보가 발표되면, 양식장의 물을 잘 순환시키고 산소를 추가로 주입하는 등의 노력이 필요합니다.

고수온이 발생하면 빈산소수괴, 즉 산소가 부족한 물 덩어리가 자주 형성됩니다. 바다에서는 식물성 플랑크톤이 광합성을 통해 산소를 공급해야 하는데, 이 식물성 플랑크톤이 죽거나 바닷물 온도가 높아져 해수의 용해도가 줄어들면 산소가 부족해집니다. 특히 우리나라의 양식장은 주로 파도가 잔잔하고 물 순환이 약한 만(bay)에 위치하기 때문에 바닷물의 혼합이 어려워 빈산소수괴가 발생하면 더 큰 피해를 입을 수 있습니다.

고수온과 반대로 냉수대가 발생하는 현상도 있습니다. 냉수대는 주변 수온보다 3~5°C 낮은 수온 영역을 말하며, 우리나라에서는 주로 5월부터 8월 사이 동해 연안에서 발생해 양식장에 피해를 줍니다. 최근 기후 변화로 인해 냉수대 발생 해역과 시기에 변화가 생겼다는 연구[41] 결과도 발표되고 있습니다.

최근에는 보다 넓은 공간 규모의 고수온 현상을 나타내는 '해양 열파(marine heat wave)'라는 용어도 사용됩니다. 해양 열파는 짧게는 수일에서 길게는 수개월까지, 수천 km에 걸쳐 해면 수온이 상승하는 현상을 말합니다. 현재 해양 열파의 정량적 정의는 연구 목적에 따라 다양하게 사용되고 있으나, 대표적으로 [그림 11-4]와 같이 상위 90% 온도가 최소 5일 이상 지속되는 경우로 정의합니다.

---

41 김주연 등 (2019)

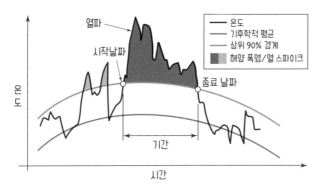

[그림 11-4] 해양 열파의 정의의 예 (자료: Hobday et al. (2016))

해양 열파는 바람 및 해류의 변화, 엘니뇨/라니냐 현상 등의 다양한 영향을 받아 전 세계 곳곳에서 발생합니다. 해양 열파로 인해 해양 생물의 서식지가 줄어들고, 생물 다양성이 감소하며, 양식장 어류의 집단 폐사 등의 현상이 일어나 해양 생태계의 구조와 기능이 변화할 수 있습니다. 지구 온난화로 인해 해양 열파는 미래에 더 자주, 더 강하게 발생할 것으로 전망됩니다.

극한 기후 연구

이번에는 과학자들이 극한 기후를 연구할 때 사용하는 기초적인 통계 방법을 간단히 소개하겠습니다.

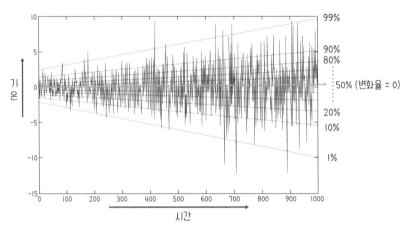

[그림 11-5] 무작위 함수 구성 및 분위 회귀 실시 결과

[그림 11-5]는 가상의 기온 변화를 나타낸 것입니다. X축은 시간, Y축은 기온을 나타내며, 기온의 변동 폭이 시간이 지남에 따라 점점 커지는 것을 알 수 있습니다. 시간이 지남에 따라 기온이 얼마나 증가하거나 감소했는지 알아보기 위해 2장 '기후 변동과 기후 변화'에서 소개한 전통적인 선형 회귀 방법을 사용한다면 어떻게 될까요? 즉, 이 그래프를 공평하게 통과하는 최적의 직선을 하나 그리면, 전체 기간의 기온 변화율은 거의 0일 것입니다. 이것이 [그림 11-5]의 50%에 표시된 기울기가 0인 그래프입니다.

이 자료를 보면 여름에는 더 더워지고 겨울에는 더 추워지는 경향이 있지만, 여름의 고온과 겨울의 저온을 공평하게 관통하는 하나의 직선을 그리면 과거의 평균과 큰 차이가 없는 것처럼 보입니다. 이런 평균 결과를 보고 시간이 지남에 따라 평균 기온이 비슷하니 큰 문제가 없다고 안심할 수 있을까요?

그래서 우리는 여름철 등 과거에 온도가 높았던 기간들만 따로 뽑아 그 자료들 안에서만 최적의 회귀 직선을 구합니다. 이러한 기법을 '분위 회귀(quantile regression)'라고 합니다. [그림 11-5]에서 위쪽에 표시된 직선을 보면, 이는 온도가 높았던 여름철의 상위 99%, 90% 등의 자료만을 모아 그린 그래프로, 시간이 지남에 따라 기온이 급격히 증가하고 있음을 나타냅니다. 반대로, 기온이 낮았던 겨울철의 하위 1%, 10% 등의 자료만을 모아 최적의 직선을 그리면, 기온이 급격히 낮아진다는 사실을 명확하게 알 수 있으며, 그 기울기를 통해 이 변화를 정량화할 수 있습니다.

3장에서 표준화 방법을 공부하면서 평균이 통계적으로 매우 중요하지, 집단의 성격을 정확하게 대변할 수 없다는 것을 배웠습니다. 예를 들어, A반의 5명 학생의 점수가 각각 1점, 2점, 3점, 4점, 100점이라고 가정하면, 이 반의 평균 성적은 (1+2+3+4+100)/5 = 22점입니다. 그런데 이 22점이 이 반의 성적을 정확하게 대표할 수 있을까요? 만약 B반의 학생 점수가 21점, 22점, 22점, 22점, 23점으로 구성되어 있다면, 역시 평균 점수는 22점입니다. 물론, 우리가 이미 배운 표준 편차 계산을 통해 A반과 B반의 특성이 다르다는 것을 알 수 있습니다.

표준편차보다 더 간단하게 집단의 특성을 비교할 수 있는 방법도 있습니다. 자료들을 순서대로 나열했을 때 가장 중앙에 위치하는 값인 중앙값(median)을 비교하는 것입니다. A반의 중앙값은 3점이고, B

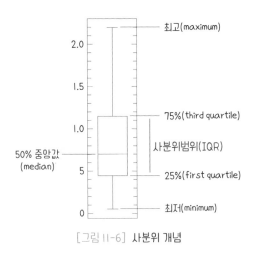

2.0 — 최고(maximum)

1.5

1.0 — 75%(third quartile)

사분위범위(IQR)

50% 중앙값 — 25%(first quartile)
(median) 5

0 — 최저(minimum)

[그림 11-6] 사분위 개념

반의 중앙값은 22점입니다. 즉, 간단한 중앙값 비교를 통해 A반과 B 반의 특성이 매우 다르다는 것을 판단할 수 있습니다.

중앙값을 다른 말로 50% 분위라고도 합니다. 전체 자료를 크기 순 서에 따라 나열했을 때, 이를 4등분한 값들을 사분위수(quartile)라 고 합니다. 또, 상위 25%와 하위 25%의 범위를 사분위수 범위(IQR, Interquartile Range)라고 합니다.

기후학자들은 최근 극단적인 기후 변동 추세를 살펴보기 위해 특정 분위의 추세를 연구하는데 이런 분위의 개념을 자주 사용합니다. 관 련 연구 결과를 간단히 소개하면 다음과 같습니다.

[그림 11-7]은 우리나라 서해안의 해수면 높이 변화를 도식화한 결 과입니다. 지구 온난화로 인해 해수면이 지속적으로 상승하고 있으나, 해수면이 가장 높을 때와 가장 낮을 때의 상승폭이 다르다는 것을 분 위 회귀를 통해 알아냈습니다. 즉, 해수면이 높은 상위 분위의 상승폭 이 해수면이 낮은 하위 분위의 상승폭보다 더 높은 경향이 나타났으

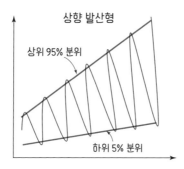

상향 발산형

상위 95% 분위

하위 5% 분위

[그림 11-7] 우리나라 서해안의 해수면 변동 추세 (자료: 임과 장 (2018))

며, 이를 상향 발산형(upward divergence) 타입이라고 정의했습니다. 이렇게 분위별 해수면 상승률이 다른 데에는 급격하고 지속적인 연안 간척에 의해 조류 패턴 등이 바뀌는 것이 주요한 요인으로 지목되었습니다.[42] 즉 무분별한 인간 활동으로 인해 해수면이 극단적으로 변하고 있는 것입니다.

---

42 Lim et al., (2023)

1. 북극 지역의 찬 공기로 이루어진 대규모 저기압성 순환으로 겨울철 대륙 상층 및 성층권에 주로 존재하는 대기 흐름을 나타내는 용어는?

2. 짧게는 수일에서 길게는 수개월까지 수천 km에 걸쳐 해면 수온이 상승하는 현상을 나타내는 용어는?

3. 평균값과 중앙값은 항상 다르다. (O, X)

4. 상위 분위 회귀의 기울기가 감소하고 하위 분위 회귀의 기울기가 증가한다면, 이는 시간에 따라 최고점과 최저점 간의 차이가 줄어들어 전체적인 변동폭이 작아지고 있다는 것을 의미한다. (O, X)

정답
1. 극소용돌이(polar vortex)　2. 해양 열파(marine heat wave)　3. X　4. ○

12

미래 기후, 그리고
티핑포인트

미래 기후 변화

우리는 앞에서 기후 변화의 개념, 과거 기후 변동을 추정하는 방법과 그 역사, 다양한 기후 변동의 원인과 물리적 과정, 그리고 현재 발생하고 있는 기후 변화의 사례에 관해 살펴보았습니다. 이제는 미래 지구의 기후는 어떻게 변할 것인지를 알아보겠습니다.

미래 기후를 예측하는 것은 쉽지 않습니다. 왜냐하면 여러 측면에서 '불확실성'이 존재하기 때문입니다. 우선 각 나라가 앞으로 온실 기체를 얼마나 감축할지가 불확실합니다. 물론 국제적으로 온실 기체 감축 전략을 합의할 수 있겠지만, 이를 강제할 수 없기 때문에 그 협약 내용이 100% 지켜진다는 보장이 없습니다.

일례로, 선진국의 온실 기체 배출량을 우선 감축하자는 교토 의정서 사례가 있습니다. 2005년 교토 의정서가 발효되기 전에 미국이 탈퇴했고, 뒤를 이어 캐나다, 일본, 러시아 등이 탈퇴하였습니다. 이후 교토 의정서를 보완하여 2021년 새로운 파리 협정이 시행되었습니다. 파리 협정은 산업화 이전 수준 대비 지구의 평균 온도가 1.5℃ 이상 상승하지 않도록 온실 기체 배출량을 단계적으로 감축하는 내용을 담고 있습니다. 이를 위해 개발도상국을 포함한 모든 국가의 이산화 탄소 순 배출량을 0으로 만들자고 협약했으며, 자체적으로 방법을 정해 실천하기로 했습니다. 그러나 이 협약에도 강제성이 없어 현재까지의 추세로는 지구의 평균 온도가 1.5℃ 이상 상승할 것이 거의 확실해 보이는 안타까운 상황입니다.

즉, 각 국가가 어떠한 온실 기체 감축 전략을 세울지 매우 불분명한 상태입니다. 그래서 기후 변화를 체계적으로 감시하고 예측하는

IPCC에서는 미래의 온실 기체 배출 시나리오를 정교하게 만들고 있습니다. IPCC 5차 보고서까지는 [표 12-1]과 같이 온실 기체 농도에 따라 달라지는 지구의 복사 강제력(radiative forcing)[43]을 기준으로 대표농도 경로(RCP, Representative Concentration Pathways) 시

[표 12-1] RCP 시나리오 설명 및 2100년 기준 이산화 탄소 농도

종류	시나리오 설명	2100년 기준 CO$_2$ 농도(ppm)
RCP2.6	지금부터 즉시 온실 기체 감축 수행	420
RCP4.5	온실 기체 감축 정책이 상당히 실현되는 경우	540
RCP6.0	온실 기체 감축 정책이 어느 정도 실현되는 경우	670
RCP8.5	현재 추세(저감 없이)로 온실 기체가 배출되는 경우	940

[표 12-2] SSP 시나리오 설명

종류	시나리오 설명
SSP1-2.6	재생에너지 기술 발달로 화석연료 사용이 최소화되고 친환경적으로 지속가능한 경제 성장을 이룰 것으로 가정하는 경우
SSP2-4.5	기후 변화 완화 및 사회 경제 발전 정도가 중간 단계라고 가정하는 경우
SSP3-7.0	기후 변화 완화 정책에 소극적이며 기술개발이 늦어 기후 변화에 취약한 사회구조를 가정하는 경우
SSP5-8.5	산업 기술의 빠른 발전에 중심을 두어 화석연료 사용이 높고 도시 위주의 무분별한 개발이 확대될 것으로 가정하는 경우

---

43 지구가 흡수하는 에너지와 방출하는 에너지의 차이를 수치화한 것으로 양(+)이면 온실 효과가 일어나 지구의 온도가 오르게 된다.

나리오를 사용하여 각 시나리오에 따른 미래 기후 예측 결과를 제공했습니다. 현재 상황으로는 네 가지 대표적인 시나리오 중 이산화 탄소 배출량이 가장 적은 RCP2.6은 유효하지 않아 보입니다. 왜냐하면 2100년 기준 420 ppm을 유지해야 하는데, 8장의 '킬링 곡선'에서 확인한 것처럼 2023년에 이미 420 ppm을 넘어섰기 때문입니다. 지금부터라도 더욱 강력한 저감 정책을 시행해야 할 것입니다.

2021년 발간된 IPCC의 6차 보고서에서 적용된 시나리오는 미래 온실 기체 감축량뿐만 아니라 인구 변화, 경제 발달, 복지, 생태계 요소, 자원, 제도, 기술 발달, 사회적 인자, 정책 등을 종합적으로 고려한 공통사회 경제경로(SSP, Shared Socioeconomic Pathways)를 사용하고 있습니다.

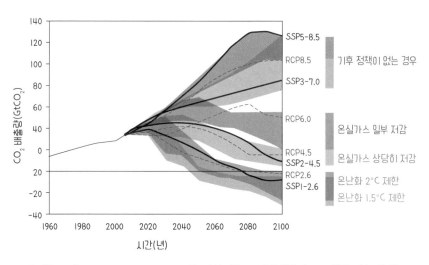

[그림 12-1] RCP, SSP 시나리오에 따른 이산화 탄소 배출량 변화 (자료: 국립기상과학원)

[그림 12-1]은 2100년까지 RCP와 SSP 시나리오에 따른 이산화 탄소 배출량의 변화를 보여줍니다. 그림에서 음영으로 표시된 부분은 대표적인 시나리오 외에도 가능한 배출 경로들의 범위를 나타내며, 이는 미래 사회의 온실 기체 감축 전략에 대한 불확실성이 2100년까지 최대 150Gt을 넘을 수 있음을 시사합니다.

전 세계 기후 연구자들이 IPCC에서 제공하는 다양한 시나리오를 바탕으로 미래 기후를 예측한 결과는 [그림 12-2]와 같습니다.

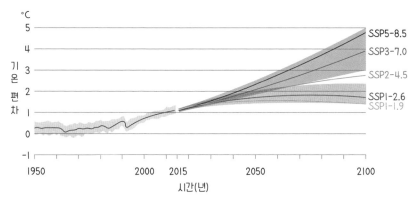

[그림 12-2] SSP 시나리오별 산업화 이전 대비 기온 상승폭 (출처: IPCC (2022))

기후 변화를 완화하기 위한 노력을 하지 않고 산업 기술의 빠른 발전에만 집중한다면, 화석연료 사용이 늘고 도시 위주의 무분별한 개발이 확대될 것입니다. 그렇다고 가정한다면, 즉 SSP5-8.5 시나리오를 적용한다면, 전 세계 평균 기온은 거의 5°C까지 상승할 것이라고 합니다. 그러나 재생에너지 기술이 발달하여 화석연료 사용이 최소화되고 친환경적이고 지속 가능한 경제 성장을 이룬다면, 즉 SSP1-2.6 시나리오를 적용한다면, 파리 협정에서 제안한 2°C 이내로 평균 기온

상승률을 막을 수 있을 것 같습니다

[그림 12-2]에서 음영으로 표시된 구간은 무엇일까요? IPCC 시나리오를 적용한 기후 예측은 전 세계의 많은 연구기관이 개발한 기후 예측 모델로 이루어집니다. 저를 포함해 우리나라에도 다양한 기후 예측 모델을 연구하고 운영하는 연구자들과 기관이 많습니다. 여기서 기후 예측 모델이란 역학 방정식을 기본으로 하여 기권, 수권, 빙권, 지권, 생물권 등의 다양한 기후 시스템 구성 요소 간의 상호 작용을 컴퓨터로 시뮬레이션하는 도구입니다. 이 기후 예측 모델은 매우 민감하여, 모델에서 적용한 매개 변수나 초기값이 조금만 달라져도 100년 이상의 장기 예측 결과는 크게 달라질 수 있습니다. 이는 마치 지구 반대편에서 나비의 작은 날갯짓이 우리나라에 폭풍을 일으킬 수 있다는 나비 효과(butterfly effect)와 같은 원리입니다. 따라서 그림의 음영 구간은 다양한 모델의 편차를 의미합니다. 붉은색 영역은 SSP3-7.0을 적용했을 때의 편차를, 파란색 영역은 SSP1-2.6 시나리오를 적용했을 때의 편차를 나타냅니다.

어떤 사람들은 "SSP3-7.0을 적용했을 때 모델 간 편차가 $2^{\circ}C$나 되는데, 예측 결과를 믿을 수 있을까요?"라고 묻습니다. 그렇습니다. 제시된 값들은 현재 기후 예측 모델의 한계라고도 말할 수 있습니다. 즉, 같은 시나리오를 적용해도 어떤 기관은 최저 $3^{\circ}C$, 어떤 기관은 최대 $5^{\circ}C$ 오른다고 평가합니다. 그래서 과학자들은 모든 모델 예측 결과를 평균하고 편차를 함께 표현함으로써 모델의 '불확실성' 범위를 제공합니다. 다시 말해, 미래 기후 변화는 불확실한 것이 사실입니다. 그러나 모델이 아무리 불확실하더라도 미래에 기온이 상승한다는 사실은 확실하며, SSP3-7.0을 적용했을 때와 SSP1-2.6을 적용했을 때 두 예측 결과의 차이는 유의미합니다. 온도 변화를 최저로 예측하는 모델에 SSP3-7.0 시나리오를 적용했을 때의 온도 증가가, 온도 변화를 최대로 예측하는 모델에 SSP1-2.6 시나리오를 적용했을 때보다 높습니다. 즉, 현재 개발된 어떤 모델을 사용하더라도 미래 온도는 상승하며, 온실 기체 감축을 했을 때와 하지 않았을 때의 온도 증가의 차이도 명확합니다.

과학계에서는 미래 기후 변화를 명확한 사실로 받아들이고 있습니다. 학자들 간 논란의 쟁점은 기후가 변하지 않는다는 것이 아니고, 온실 효과가 없다는 것이 아닙니다. 기후는 항상 변해왔고, 온실 효과가 없었다면 지구는 얼어붙었을 것입니다. 이는 지구상의 생명체가 안전하게 살 수 있도록 만들어주는 실제 물리적 과정입니다. 현재 연구의 쟁점은 지구에 내재된 양의 피드백과 음의 피드백이 어떻게 반응하며, 이로 인해 온도가 얼마나 높아질지에 관한 정확성과 민감성에 관한 것입니다.

IPCC 보고서는 다양한 시나리오별 예측뿐만 아니라, 11장에서 논의했던 극한 기후에 대해서도 엄중히 경고하고 있습니다. IPCC 6차 보고서가 나온 당시, 기온이 $1.09\degree C$ 상승한 상황에서 50년에 한 번 찾아올 폭염 발생이 4.8배 증가했습니다. 만약 기온이 $1.5\degree C$ 오르면 이 가능성은 8.6배, $2.0\degree C$ 오르면 13.9배로 증가합니다. 폭염뿐만 아니라 폭우와 가뭄 등 다양한 재해의 발생 가능성도 지구 온난화가 진행됨에 따라 가파르게 상승하고 있습니다.

티핑포인트

　앞에서는 미래 지구의 기온이 지속적으로 상승하리라는 다양한 전망을 확인했습니다. 그럼에도 불구하고 국가 간 협력과 개인의 노력을 통해 탄소 배출을 최소화한다면, 지구 기후 시스템이 항상성을 유지하기 위해 음의 피드백을 작동시켜 적절한 기후를 유지할 수 있을 것이라는 희망이 있습니다. 그러나 온난화 수준이 높아질수록 급격하고 비가역적인(irreversible) 변화의 가능성이 증가합니다. 비가역적인 변화란 말 그대로 되돌릴 수 없는 변화를 의미하며, 이는 임계 지점인 티핑포인트(tipping point)를 넘어서면 발생하는 현상입니다.

　티핑포인트의 사전적 의미는 '갑자기 뒤집히는 점'입니다. 다시 말해, 어떤 현상이 서서히 진행되다가 작은 요인으로 인해 한순간 폭발하거나 완전히 체계가 바뀌는 시점을 의미합니다. 예를 들어, 99.9℃의 물이 100℃가 되면 겨우 0.1℃ 변화했지만, 이로 인해 액체에서 기체라는 전혀 다른 상태로 매우 큰 변화가 일어납니다.

　티핑포인트는 원래 과학계에서 사용된 용어가 아니었습니다. 이 용

[그림 12-3] (좌)토머스 셸링, (우)말콤 글래드웰

어는 1969년 노벨 경제학상을 수상한 토머스 셸링(Thomas Schelling, 1921~2016)이 처음 제안했으며, 이후 말콤 글래드웰(Malcolm Gladwell, 1963~) 작가가 마케팅 분야에서 사용하여 대중화되었습니다. 천천히 성장하던 회사가 중요한 시점에 획기적으로 성장하는 순간이나, 사회·문화적으로 새로운 패러다임으로 바뀌는 시기 등에 티핑포인트라는 용어를 사용합니다.

저는 주로 탁자에 놓인 물컵으로 티핑포인트를 설명합니다. 물컵을 탁자 모서리까지 계속 밀다가 가장 끝 지점에서 아주 조금만 더 힘을 가하면, 물컵은 결국 떨어지고 물이 쏟아지며 깨지게 됩니다. 티핑포인트를 지나면 물컵은 원래 탁자에 놓여 있던 상태로 회복할 수 없습니다. 마치 탁자 위의 물컵을 계속 모서리로 밀고 있는 것처럼, 현재 지구 온난화도 꾸준히 진행되고 있습니다. 과연 물컵이 떨어지는 지구의 티핑포인트는 언제일까요? 기온이 3℃ 이상 증가했을 때일까요? 아니면 이산화 탄소 농도가 500 ppm 이상 증가했을 때일까요? 정확한 티핑포인트를 예측하기는 어렵습니다. 또한, 지구의 기후 변화는 마치 뉴턴의 관성 법칙과 같아서, 당장 대기 중의 이산화 탄소가 없어진다고 하더라도 지구 온난화는 꽤 오래 지속될 것입니다.

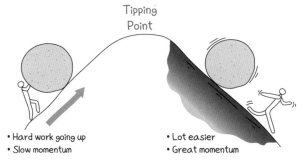

[그림 12-4] 티핑포인트

[그림 12-4]처럼, 티핑포인트에 도달하기 전까지는 매우 어렵고 천천히 움직입니다. 그러나 만약 티핑포인트를 넘어서게 되면, 매우 쉽고 빠르게 원래 상태에서 멀어지게 됩니다. 최근 빈번히 발생하는 극한 기후가 이미 티핑포인트를 넘었다는 뜻이 아닐까 하는 두려움이 생기기도 합니다. 이 때문에 티핑포인트라는 개념이 기후 위기를 강조하는 표현으로 자주 사용됩니다.

[그림 l2-5] 오스카상을 수상한 디캐프리오

마지막으로, 제가 좋아하는 배우의 오스카상 수상 소감으로 마무리하고자 합니다. 〈레버넌트(The Revenant)〉라는 영화로 오스카상을 받은 리어나도 디캐프리오(Leonardo W. DiCaprio, 1974~)가 수상 소감을 다음과 같이 밝혔습니다.

"Let us not take this planet for granted. I do not take tonight for granted."

"지난해(2015년)는 역대 가장 더운 해로 기록되었습니다. <레버넌트>를 촬영할 때 눈을 찾기 위해 남극 가까이까지 가야 했습니다. 기후 변화는 현실입니다. 지금 실제로 일어나고 있는 일이며, 우리가 직면한 가장 시급한 위험입니다. 더 이상 미루지 말고 다 함께 힘을 모아야 합니다."

라임(rhyme)이 돋보이는 마지막 영어 문장의 뜻은 "우리 행성 (planet)을 당연하게(granted) 여기지 말아야 합니다. 저도 오늘의 영광을 당연하게 여기지 않습니다!"입니다. 우리는 지구라는 행성을 너무 당연하게 주어진 것으로 여겨 자원을 남용하고, 온실 기체를 끊임없이 배출하며, 생태계를 파괴하고 있습니다. 이러한 행동은 돌이킬 수 없는 티핑포인트를 넘어 기후 위기를 가속화할 수 있음을 명심해야 합니다.

 확인 문제

1. 다음 중 이산화탄소 배출 농도가 가장 큰 시나리오는?

① RCP2.6　　　　　② RCP4.5

③ RCP6.0　　　　　④ SSP2-4.5

⑤ SSP3-7.0

2. 갑자기 뒤집히는 점이라는 사전적 의미를 가지며, 기후 변화에 의해 돌이킬 수 없는 시점을 의미하는 용어는?

참고문헌

[한글 서적 및 논문]

- 국립기상과학원(2020), 『한반도 기후 변화 전망보고서 2020』, 기상청 국립기상과학원.
- 김주연 등(2019), 「동해 냉수대 발생역의 장기 변동 분석」, 『해양환경안전학회지』, 25(5), 581-588.
- 신호정, 장찬주(2016), 「지구 온난화의 지역적 특성: 전례 없는 기후 시기에 대한 선형 전망」, 『한국해양학회지』, 21(2), 49-57.
- 임병준, 장유순(2016), 「한반도 주변 해역 해수면 및 수온, 염분의 선형 추세 분석을 위한 종합 회귀 도표 개발」, 『한국해양학회지』, 21(2), 67-77.
- 장유순(2012), 「전 지구 수온 및 염분 자료 품질 관리에 관한 논의」, 『한국지구과학회지』, 33(6), 554-566.
- 장유순(2021), 「적도 해류계 분석 및 엘니뇨 시기의 변동에 관한 논의: 중등 교육 현장의 관련 오개념을 중심으로」, 『한국지구과학회지』, 42(3), 296-310.
- 장유순(2022), 『해양학 및 지구물리학 실험』, 공주대학교 출판부.
- 한국기상학회(2020), 『알기 쉬운 대기과학』, 시그마프레스.
- 한국지구과학회(2024), 『대학 지구과학개론』, 북스힐.
- 한국지구과학회(2009), 『지구과학개론』, 교학연구사.

[번역본]

- Knauss, J.A., and Garfield, N. 저, 조양기 등 역(2019), 『물리해양학』, 제3판, 시그마프레스.
- Lutgens, F.K., and Tarbuck, E.J. 저, 김경렬 등 역(2003), 『지구시스템의 이해』, 제3판, 박학사.
- Thompson, G.R., and Turk, J. 저, 윤일희 등 역(2012), 『지구시스템 과학 I』, 북스힐.
- Thompson, G.R., and Turk, J. 저, 윤일희 등 역(2012), 『지구시스템 과학 II』, 북스힐.
- Trujillo A.P., H.V. Thurman 저, 이상룡 등 역(2012), 『최신해양과학』, 시그마프레스.

[영문 서적 및 논문]

- Ahrens. C.D., and R. Henson(2021), 『Meteorology Today: An Introduction to Weather, Climate, and the Environment』, 13th edition, Cengage Learning.
- Ashok K., and T. Yamagata.(2009), 「The El Nino with a differnce」, 『Nature』, 461, 481-484.
- Berger A.L.(1978), 「Long-term variations of daily insolation and Quaternary climatic changes」, 『Journal of Atmospheric Science』, 35, 2362-2367.
- Berger A.L., and M.F. Loutre(1991), 「Insolation values for the climate of the last 10 million years」, 『Quaternary Science Reviews』, 10, 297-317.
- Broecker W.S.(1991). 「The great ocean conveyor」, 『Oceanography』, 4(2), 79-89.
- Cai W. et al.(2021), 「Changing El Nino-Southern Oscilaltion in a waring climate」, 『Nature reviews Earth & Environment』, 2, 628-644.
- Domingues C.M. et al.(2008), 「Improved estimates of upper-ocean warming and multidecadal ea-level rise」, 『Nature』, 453, 1090-1094.
- Elsner J.B. et al.(2008), 「The increasing intensity of the strongest tropical cyclones」, 『Nature』, 455, 92-95.
- Emanuel K.A.(2005), 「Increasing destructiveness of tropical cyclones over the past 30 years」, 『Nature』, 436, 686-688.
- Gagan M.K, et al.(2000), 「New views of tropical paleoclimate from corals」, 『Quaternary Science Reviews』, 19(1 - 5), 45-64.
- Ham Y.G. et al.(2019), 「Deep learning for multi-year ENSO forecast」, 『Nature』, 573, 568-572.
- Heggline M.I. et al.(2014), 『Twenty Questions and Answers About the Ozone Layer: 2014 Update, Scientific Assessment of Ozone Depletion』, WMO.
- Hegerl G. and F. Zweirs(2011), 「Use of models in detection and attribution of climate change」, 『Wiley Interdisciplinary Reviews: Climate Change』, John Wiley & Sons, 2(4), 570-591.
- Hobday A.J. et al.(2016), 「A hierarchical approach to defining marine heatwaves」, 『Progress in Oceanography』. 141, 227-238.

- Hsiang, S. et al.(2011) 「Civil conflicts are associated with the global climate」, 「Nature」, 476, 438-441.
- Ishii, M. et al.(2006), 「Steric sea level changes estimated from historical ocean subsurface temperature and salinity analyses」, 「Journal of Oceanography」, 62, 155-170.
- IPCC(2007), 「Climate Change 2007: Synthesis Report」, Contribution of Working Group I, II and III to the Fourth Assessment Report of the Intergovernmental Panel on Climate Change, IPCC.
- IPCC(2014), 「Climate Change 2014: Synthesis Report」, Contribution of Working Groups I, II and III to the Fifth Assessment Report of the Intergovernmental Panel on Climate Change, IPCC.
- IPCC(2023), 「Climate Change 2023: Synthesis Report」, Contribution of Working Groups I, II and III to the Sixth Assessment Report of the Intergovernmental Panel on Climate Change, IPCC.
- Jouzel, J. et al.(1996), 「Climatic interpretation of the recently extended Vostok ice records」, 「Climate Dynamics」, 12, 513-521.
- Kuleshov, Y. et al.(2010), 「Trends in tropical cyclones in the South Indian Ocean and the South Pacific Ocean」, 「Journal of Geophysical Research」, 115.
- Levitus, S. et al.(2005), 「Warming of the world ocean, 1955-2003」, 「Geophysical Research Letter」, 32.
- Lim B.-J. et al.(2023), 「Effects of stepwise tidal flat reclamation on tidal evolution in the East China and Yellow Sea」, 「Environment Research Letter」, 18.
- Lyman J.M., and J.K Willis (2006), 「Recent cooling of the upper ocean」, 「Geophysical Research Letter」, 33(18).
- Marshak, S.(2019), 「Earth: Portrait of a planet」, 6th edition, W. W. Northon & Company.
- Meehl, G. et al.(2011), 「Model-based evidence of deep-ocean heat uptake during surface-temperature hiatus periods」, 「Nature Climate Change」, 1, 360-364.
- Mohorji, A.M. et al.(2017), 「Trend Analyses Revision and Global Monthly Temperature Innovative Multi-Duration Analysis」, 「Earth System Environment」, 1(9).

• Platt, D.E. et al.(2017), 「Mapping Post-Glacial expansions: The Peopling of Southwest Asia」, 「Scientific Report」, 7, 40338.

• Seo, K.W. et al.(2023), 「Drift of Earth's pole confirms groundwater depletion as a significant contributor to global sea level rise 1993-2010」, 「Geophysical Research Letters」, 50(12).

• Talley, L.D.(2013), 「Closure of the Global Overturning Circulation Through the Indian, Pacific, and Southern Oceans: Schematics and Transports」, 「Oceanography」, 26(1), 80-97.

• Talley L.D. et al.(2011), 「Descriptive physical oceanography」, 6th edition, Academic Press.

• Webster P.J. et al.(2005), 「Changes in tropical cyclone number and intensity in a warming environment」, 「Science」, 309, 1844-1846.

• Willis J.K. et al.(2007), 「Correction to "Recent cooling of the upper ocean"」, 「Geophysical Research Letter」, 34(16).

• Witternberg, A.(2009), 「Are historical records sufficient to constrain ENSO simulations?」, 「Geophysical Research Letter」, 36(12).

• Witze A.(2020), 「Rare ozone hole opens over Arctic and it's big」, 「Nature」, 580, 18-19.

• Yeh S.W. et al.(2009), 「El Nino in a changing climate」, 「Nature」, 461, 511-514.

찾아보기

기후변화, 상식을 넘어서

초판 1쇄 인쇄 2024년 9월 1일
초판 1쇄 발행 2024년 9월 5일

지은이 장유순
펴낸이 조승식
펴낸곳 (주)도서출판 북스힐
등록 제22-457호(1998년 7월 28일)
주소 서울시 강북구 한천로 153길 17
전화 (02) 994-0071
팩스 (02) 994-0073
인스타그램 @bookshill_official
블로그 blog.naver.com/booksgogo
이메일 bookshill@bookshill.com

값 17,000원
ISBN 979-11-5971-627-0

* 잘못된 책은 구입하신 서점에서 바꿔 드립니다.